宽带网络接入网

智能ODN数智化应用实践

▶ 张高毅　著

四川科学技术出版社

·成都·

图书在版编目（CIP）数据

宽带网络接入网智能ODN数智化应用实践 / 张高毅著.
成都：四川科学技术出版社，2024.8. -- ISBN 978-7
-5727-1396-5

Ⅰ. TN915.142

中国国家版本馆CIP数据核字第20241R24H9号

宽带网络接入网智能ODN数智化应用实践
KUANDAI WANGLUO JIERUWANG ZHINENG ODN SHUZHIHUA YINGYONG SHIJIAN

著　　者	张高毅
出 品 人	程佳月
责任编辑	王双叶
封面设计	四川众亦知文化传播有限公司
责任出版	欧晓春
出版发行	四川科学技术出版社

成都市锦江区三色路238号　邮政编码　610023

官方微博　http://weibo.com/sckjcbs

官方微信公众号　sckjcbs

传真　028-86361756

成品尺寸	185mm×260mm
印　　张	12.5
字　　数	245千
印　　刷	成都市兴雅致印务有限责任公司
版　　次	2024年8月第1版
印　　次	2024年8月第1次印刷
定　　价	68.00元

ISBN 978-7-5727-1396-5

邮　　购：成都市锦江区三色路238号新华之星A座25层　邮政编码：610023

电　　话：028-86361770

前　言

　　宽带智能 ODN（Optical Distribution Network，光分配网络）的数智化是当前通信网络发展的重要趋势，它涉及利用先进的信息技术对传统的光纤网络进行升级改造，以提高网络的智能化水平、运维效率和用户体验等方面。国务院印发的《"十四五"数字经济发展规划》强调了加强数字基础设施建设的重要性，其中 ODN 作为宽带建设的重要部分，占家庭宽带投资的 70％，其数智化转型对推动数字经济发展具有重要意义。中国通信企业协会发布了《下一代 ODN 网络建设解决方案白皮书》，提出了 ODN 智能化的目标和建议，包括资源利用、运维效率提升和智能化管理等方面。传统的 ODN 网络面临资源录入偏差、准确性难以保证、人工工作量大等问题。

　　本书介绍了宽带网络技术基础，对宽带项目管理、宽带网络维护各环节进行了分析；结合宽带项目建设和维护管理中的数智化需求，提出了数智化 ODN 的应用解决方案，并深入研究了基于深度学习的智能管理系统及资源清查方法，探索了智能光纤跳纤机器人在哑资源管理中的应用前景。数智 ODN 方案通过智能化算法和高精度光路数据采集，实现了光路资源的可视化管理；智能 ODN 方案通过电子标签和网管系统改造，解决了端口定位不便、施工效率不高等问题，大幅提升了资源准确性和管理效率。宽带智能 ODN 的数智化是通信行业技术革新和网络升级的重要方向，它将为构建高效、可靠、智能的光纤网络提供强有力的支撑，同时也为数字经济的发展奠定坚实的基础。

目 录

1　宽带网络基础原理

1.1　通信基础原理

消息（message）是物质或精神状态的一种反映，在不同时期具有不同的表现形式。例如语音、文字、音乐、数据、图片等都是消息。人们接收消息，关心的是消息中所包含的有效内容，即信息（information）。通信是进行信息的时空转移，即把消息从一方传送到另一方。

实现通信的方式和手段很多，如利用手势、语言、旌旗、消息树、烽火台和击鼓传令等，以及现代社会的电报、电话、广播、电视、遥控、遥测、因特网和计算机通信等。这些都是消息传递的方式和信息交流的手段。

1.1.1　通信系统的组成

通信的目的是传输信息。通信系统的作用就是将信息从信息源发送到一个或多个目的地。对于电通信来说，首先要把消息转变成电信号，然后经过发送设备，将信号送入信道，在接收端利用接收设备对接收信号做相应的处理后，送给受信者（简称信宿）再转换为原来的消息。这一过程可用图 1-1 的通信系统一般模型来概括。

图 1-1　通信系统一般模型

信息源（简称信源）的作用是把各种消息转换成原始电信号。根据消息的种类不同，信源可分为模拟信源和数字信源。模拟信源输出连续的模拟信号，如话筒（声音－音频信号）、摄像机（图像－视频信号）；数字信源则输出离散的数字信号，如电传机（键盘字符－数字信号）、计算机等各种数字终端。此外，模拟信源送出的信号经数字化处理后也可变为数字信号。

发送设备的作用是产生适合于在信道中传输的信号，即使发送信号的特性和信道特性相匹配，具有抗信道干扰的能力，并且具有足够的能量以满足远距离传输的需要。因此，发送设备涵盖的内容很多，可能包含变换、放大、滤波、编码、调制等过程。对于多路传输系统，发送设备中还包括多路复用器。

信道是一种物理媒质，将来自发送设备的信号传送到接收端。在无线信道中，信道可以是自由空间；在有线信道中，信道可以是明线、电缆和光纤。有线信道和无线信道均有多种物理媒质。信道既给信号以通路，也会对信号产生各种干扰和噪声。信道的固有特性及引入的干扰与噪声直接关系到通信的质量。

图 1-1 中的噪声源是信道中的噪声及分散在通信系统其他各处信号的集中表示。噪声通常是随机的，是形式多样的，它的出现干扰了正常信号的传输。

接收设备的功能是将信号放大和反变换（如译码、解调等），其目的是从受到减损的接收信号中正确恢复出原始电信号。对于多路复用信号，接收设备中还包括解除多路复用、实现正确分路的功能。此外，它还要尽可能减小在传输过程中噪声与干扰所带来的影响。

信宿是传送消息的目的地，其功能与信源相反，即把原始电信号还原成相应的消息，如扬声器等。

图 1-1 概括地描述了一个通信系统的组成，反映了通信系统的共性。根据我们研究的对象以及所关注的不同问题，图 1-1 中各方的内容和作用将有所不同，因而相应有不同形式的、更具体的通信模型。下文的讨论就是围绕着通信系统的模型而展开的。

1.1.2　二进制

数字调制与模拟调制的基本原理相同，但是数字信号有离散取值的特点，因此数字调制技术有两种方法：一是利用模拟调制的方法去实现数字式调制，即把数字式调制看成是模拟调制的一个特例，把数字基带信号当作模拟信号的特殊情况处理；二是利用数字信号的离散取值特点通过开关键控载波，从而实现数字调制，这种方法通常称为键控法，比如对载波的振幅频率和相位进行键控，便可获得振幅键控（Amplitude Shift Keying, ASK）、频移键控（Frequency Shift Keying, FSK）和相移键控（Phase Shift Keying, PSK）三种基本的数字调制方式。

1.1.3　二进制数字调制原理

调制信号为二进制数字基带信号时，这种调制称为二进制数字调制。在二进制数字调制中，载波的幅度、频率和相位只有两种变化状态。相应的调制方式有二进制振幅键控（2ASK）、二进制频移键控（2FSK）和二进制相移键控（2PSK）。

1.2　光纤通信原理概述

光纤通信的原理：发送端首先要把传送的信息（如话音）变成电信号，然后调制到激光器发出的激光束上，使光的强度随电信号的幅度（频率）变化而变化，并通过光纤发送出去；在接收端，检测器收到光信号后把它变换成电信号，经解调后恢复原信息。

光纤通信就是利用光波作为载波来传送信息，以光纤作为传输介质实现信息传输，达到通信目的的一种通信技术。

光纤通信的应用领域是很广泛的，主要用于市话中继线，光纤通信的优点在这里可以充分发挥。目前光纤通信已得到广泛应用，正在逐步取代电缆通信。光纤通信还可用于长途干线。过去通信主要靠电缆、微波、卫星，现已逐步使用光纤通信并形成了比特传输方法。光纤通信用于全球通信网、各国的公共电信网（如我国的国家一级干线、各省二级干线和县以下的支线）；它还用于高质量的彩色电视信号传输、工业生产现场监视和调度、交通监视控制指挥、城镇有线电视网、共用天线（CATV）系统；也可用于光纤局域网，比如在飞机内、飞船内、舰艇内、矿井下、电力部门及有腐蚀和有辐射的环境中使用。

光纤传输系统主要由光发送机、光接收机、光缆传输线路、光中继器和各种无源光器件构成。要实现通信，基带信号还必须经过电端机对信号进行处理后送到光纤传输系统，才完成通信过程。

它适用于光纤模拟通信系统，也适用于光纤数字通信系统和数据通信系统。在光纤模拟通信系统中，电信号处理是指对基带信号进行放大、预调制等处理，而电信号反处理则是发送端处理的逆过程，即解调、放大等处理。在光纤数字通信系统中，电信号处理是指对基带信号进行放大、取样、量化，即脉冲编码调制（PCM）和线路码型编码处理等。在数据光纤通信中，电信号处理主要是对信号进行放大，和数字通信系统不同的是它不需要码型变换。

1.3 宽带网络架构

1.3.1 城域传送网网络结构

中国移动传送网由省际/省内骨干传送网和城域传送网组成，其中城域传送网包括城域骨干传送网和有线接入网两部分。在四川某公司的专业管理划分中，有线宽带项目主要依托综合业务接入区开展规划和建设，包括从 OLT（光线路终端）到综合业务区光缆交接箱跳纤，综合业务区光缆交接箱到小区光缆交接箱新建光缆，小区光缆交接箱到配线箱光缆、配线箱、分光器等。具体情况见图 1-2。

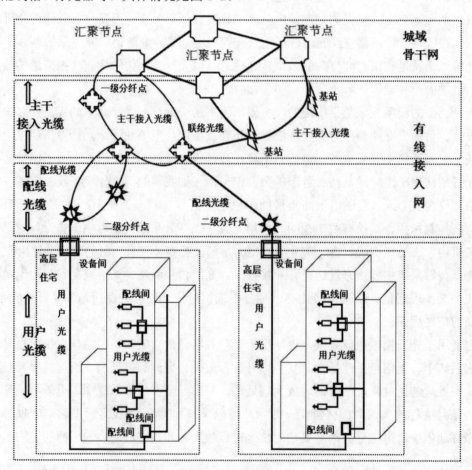

图 1-2　城域传送网网络结构示意图

1.3.2 有线宽带整体网络结构图

有线宽带网络分为云、管、端三部分，其网络结构示意图见图1-3。

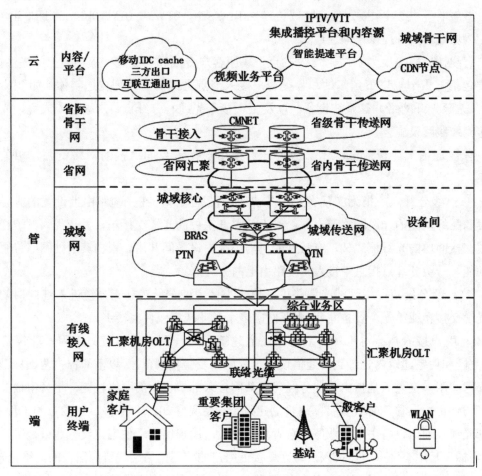

图1-3 有线宽带网络结构示意图

① 端：主要指用户终端，是运营商最末端，用于向用户提供业务接入设备，同时也是运营商承载业务的入口和管控点，有线宽带接入中主要指ONU（光网络单元）设备等。

② 管：为用户终端与内容源间提供传输通道，主要包含传送网和数据网两部分，其中传送网包括有线接入网、城域骨干传送网、省内骨干传送网和省际骨干传送网四部分，根据业务需求逐级传送，实现最短距离、最少层级的业务传递。数据网部分包括CMNet城域网、CMNet省网和CMNet骨干网三部分，用于对内容进行分发、转接和路由，实现对业务的接入和控制。

③ 云：为用户提供各种内容源。内容源包括自有内容源和互联互通、第三方的内容源。其中自有内容源主要包括CDN（内容分发网络）、Cache（缓存）和IDC（互联网数据

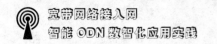
中心）三部分；其他的内容源需通过互联互通和第三方出口获取。

1.3.3 网络元素

城域骨干传送网主要包含城域传送网 PTN/SPN、OTN/VC-OTN、OLT、SDH/MSTP[①] 等系统，为城域内业务提供传输通道。

有线接入网主要为基站、WLAN 热点、集团客户专线和有线宽带等各类业务提供接入，主要包括汇聚节点以下到基站和各类客户接入节点之间的一系列传送实体，如 PTN/SPN、PON（无源光纤网络）等系统设备，以及主干接入光缆、分纤点、末端接入光缆、光分路器等光缆线路设施。

有线宽带末端覆盖资源指二级分纤点至用户接入点间连接的网络资源。相关定义如下。

① 一级分纤点：指为实现客户业务快速、便捷接入，在光缆路由上设置的具备纤芯调度和配纤功能的光缆网络节点。一类为部署在室外的光缆交接箱，另一类为部署在室内光缆交接间内的光纤配线架，有条件的可与小区内设备间共用。根据其所处网络位置和实现功能，一级分纤点指主干接入光缆路由上的分纤点。

② 二级分纤点：指配线光缆路由或位于小区内的分纤点（指光缆进入红线内的第一个光缆交接箱或第一个设备间），主要面向多个商业楼宇或住宅楼宇。

③ 用户接入点：对于《住宅区和住宅建筑内光纤到户通信设施工程设计规范》和《住宅区和住宅建筑内光纤到户通信设施工程施工及验收规范》（以下简称"两国标"）落地小区，用户接入点是指电信业务经营者共同接入部署资源的网络位置，是《电信业务经营者与住宅中国移动有线宽带网络规划建设指导意见（2017 年版）》建设方的工程界面。局部光缆及通信设备由电信业务经营者负责建设，用户侧属于住宅建设方建设范围。对非"两国标"落地小区，用户接入点即为最接近用户的共用网络配线资源所在的网络位置。

④ 设备间：小区内具备红线外线缆引入、安装通信配线设备条件的空间。

⑤ 配线间：住宅建筑内放置配线设备并进行线缆交接的空间。

⑥ 引入光缆：二级分纤点至用户接入点间的光缆。

⑦ 用户光缆：用户接入点至用户光纤信息插座间的连接光缆。

⑧ 配线设备：连接通信线缆的配线机柜（架）、配线箱（盒）的统称。

⑨ 管线覆盖家庭住户数：指引入光缆至终端到用户接入点的配线设备，只需完成用户光缆或电缆敷设，即可快速完成业务开通的住户数。

⑩ 户内线缆：用户单元信息配线箱至用户单元区域内信息插座之间连接的线缆。

---

① PTN（Packet Transport Network），指分组传送网；SPN（Secret Private Network），指加密虚拟网络；OTN（Optical Transport Network），指光传送网；VC-OTN 和 SDH 是两种不同的光传输技术，具有不同的网络结构和传输机制；MSTP 指多业务传送平台技术。

⑪ 光缆交接箱：住宅区内设置的连接配线光缆和用户光缆的配线设备。

⑫ 光缆分纤箱（盒）：用于室内外、楼道内连接引入段光缆与入户段光缆或者连接楼内垂直光缆与水平光缆的接口设备。光缆分纤箱（盒）内包含光缆终端、光纤熔接或机械接续保护单元。光缆分纤箱（盒）内可以安装光分路器。

⑬ 信息配线箱：安装于用户单元区域内，完成信息互通与通信业务接入的配线箱体。

⑭ 光分路器：是一种可以将一路或两路光信号分成多路光信号以及完成相反过程的无源器件。本书中的光分路器指的是基于光功率分路的器件。光分路器连接业务网络侧的端口称为合路侧端口，连接用户侧的端口称为支路侧端口。

⑮ 接入用户数：已完成业务开通的用户。

⑯ PON 网络端口数：FTTB（光纤到楼）覆盖时指 MDU 设备所有以太网端口数 [POTS（一种电信工具）端口不再单独统计]；FTTH（光纤到户）覆盖时指用于用户接入的最末端光分路器端口数。

⑰ 家庭住户管线覆盖率：指定区域内总家庭住户管线覆盖数与家庭住户总数的比值。

⑱ 家庭住户总数：指家庭住宅总数。

⑲ 家庭用户接入率：指定区域内总接入用户数与总家庭住户管线覆盖数的比值。

⑳ 端口利用率：指定区域内总接入用户数与总 PON 网络端口数的比值。

㉑ 端口配置率：指定区域内配置 PON 网络端口数与总家庭住户管线覆盖数的比值。

㉒ 潜在用户（单位：个）：指定区域内需独立进行覆盖和接入的用户，其中每个基站按 1 个计列，不区别基站类型，每个集团客户按 1 个计列，每户家庭按 1 个计列。

1.4　千兆网络原理及宽带应用现状

光纤宽带的主流技术为 PON（无源光网络），其优势在于传输效率高、维护成本低、带宽大、覆盖面广。千兆宽带采用了 10G PON 技术，其中 10G PON FTTH 是千兆宽带主流方案，GPON（千兆比特无源光网络）和 10G GPON 两代 PON 系统之间，可以通过波分复用器件共存在同一个 ODN（光分配网）上，带宽升级不影响原有业务。正是由于这个原因，在实现小区千兆宽带覆盖时，并不需要重新在小区地下管道和楼道弱电井进行管线施工，仅需更换 OLT（光线路终端）设备或者 OLT 设备上的 XG-PON（一种光纤网络技术）板卡，即可实现千兆宽带入小区的建设施工。千兆宽带的体验提升主要关乎速率、时延、服务质量保障、可靠性和多业务连接。10G PON 组网架构图见图 1-4。

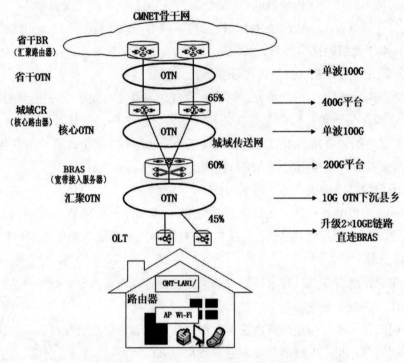

图 1-4 10G PON 组网架构图

1.4.1 波分共存

GPON 和 10G GPON 通过光波导合波器波分共存，平滑演进，GPON ONT（光网络设备）可以继续扩容，10G GPON ONT 可以根据业务需求灵活选择非对称型还是对称型，可以满足不同带宽需求演进。

10G GPON OLT 和 GPON OLT 的发送和接收波长完全分开，互相独立，可以通过光波导合波器合波后接到同一个 ODN 下。

10G GPON OLT 后续会支持对称的 10G GPON，对称的 10G GPON OLT 可以兼容非对称 10G GPON ONT 和对称 10G GPON ONT，可以根据业务需要灵活选择非对称（家庭客户）还是对称（商业客户）。

1.4.2 10G GPON 技术的光谱分配

GPON 与 10G GPON 波长分开，波分共存。PON 网络光谱分配图见图 1-5。

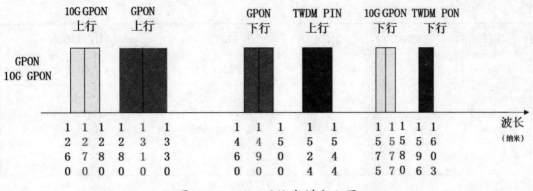

图 1-5 PON 网络光谱分配图

1.4.3 GPON FTTH 到 10G PON FTTH 演进

① 信息收集：ONU（光网络单元）接收光功率，同一个 PON 口是否存在 FTTB/H 混合，OLT 上行口流量。

② 软件升级：升级 OLT 和网管到支持 10G PON 的版本，新建 OLT 直接使用支持 10G PON 的版本。

③ 数据迁移：使用数据迁移工具将原 G PON 端口数据迁移到 10G PON 端口。

④ 工程割接：新增 10G PON 板或新增 10G PON OLT，ONU 采取一次性或按需割接到 10G PON ONU。

⑤ 业务发放：10G PON 业务发放等同于 GPON，没有差异，资源系统中新增 10G PON 板类型。

1.4.4 10G PON 技术参数介绍

10G PON 技术参数见表 1-1。

表 1-1　10G PON 技术参数

项目	EPON	GPON	10G EPON		10G GPON	
线路速率	上行：1.25G	上行：1.25G	非对称： 上行：1.25G	对称： 上行：2.5G	非对称： 上行：2.5G	对称： 上行：10G
	下行：1.25G	下行：2.5G	下行：10G	下行：10G	下行：10G	下行：10G
有效带宽	上行： 0.77 ~ 0.90G	上行： 1.05 ~ 1.24G	上行： 0.71 ~ 0.86G	上行： 7.78 ~ 8.25G	上行： 2.25 ~ 2.5G	上行： 8.72 ~ 10G
	下行： 0.97 ~ 0.98G	下行： 2.44 ~ 2.5G	下行： 8.73 ~ 9.16G	下行： 8.67 ~ 9.14G	下行： 8.66 ~ 10G	下行： 8.66 ~ 10G

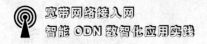
续表

项目	EPON	GPON	10G EPON		10G GPON
光功率预算	—	CLASS B+:28.5	PR/PRX30:29		N1:29
	PX20:26	CLASS C+:32	PR/PRX40:33		N2a:31
	PX20+:29	CLASS C++:35	PR/PRX50:37		E1:33
	—	—	—	—	E2:35

2 宽带项目管理

2.1 宽带网络项目规划

2.1.1 宽带网络定位

2013 年 8 月 17 日，国务院发布了"宽带中国"战略实施方案，把"宽带网络"定位为经济社会发展的"战略性公共基础设施"。发展宽带网络对拉动有效投资和促进信息消费、推进发展方式转变和建设小康社会具有重要支撑作用。经过长期的努力奋斗，信息通信行业总体保持平稳较快发展态势，到"十三五"规划期末，我国已建成全球规模最大的光纤和移动宽带网络。"十四五"规划期间，我国将全面部署千兆光纤网络，加快"千兆城市"建设，持续扩大千兆光纤网络覆盖范围，推进城市及重点乡镇万兆无源光网络（10G PON）设备规模部署，开展城镇老旧小区光接入网能力升级改造；完善产业园区、商务楼宇、学校、医疗卫生机构等重点场所千兆光纤网络覆盖；推动全光接入网进一步向用户终端延伸，推广实施光纤到房间、到桌面、到机器，按需开展用户侧接入设备升级；加强网络各环节协同建设，提升端到端的业务体验，积极引导宽带用户向千兆光纤宽带业务迁移；加快光纤接入技术演进升级，支持有条件地区超前布局更高速率宽带接入网络。

2.1.2 宽带网络系统规划

2.1.2.1 宽带网络系统规划总体要求

宽带网络系统规划的总体要求包括网络建设的规模、拓扑结构、采用的网络技术、接入技术、光纤传输系统和重要设备的性能等。

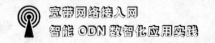

1）网络规模

网络规模涉及覆盖区域的大小、用户多少和需要的业务种类及流量等，并且要考虑到现在和将来的业务需求，以及网络的可靠性和安全性等要求。

2）采用的网络技术

目前已经成熟并得到广泛应用的网络技术有很多，具体采用什么网络技术与很多因素密切相关，如用户的基本需求、干线网络的组网技术、建设规模、允许的投资规模和要求的网络可靠性等。在用户认可的情况下，应尽量选择与干线网保持一致的组网技术，减少不必要的接口转换，这样一方面可控制成本，另一方面又可以提高网络可靠性。

3）网络拓扑结构的选择

影响网络拓扑结构选择的因素很多，如用户的需求、网络建设规模，以及用户的分布范围和分布特点。

4）接入技术的选择

接入技术包括有线接入和无线接入两大类。有线接入又可分为光纤和电缆用户接入两类。接入技术的选择要考虑用户的基本需求、区域分布特点、所在区域干线网络采用的技术、投资规模和成本等因素。此外，技术复杂度、商用化程度和将来的发展前景等也应纳入综合考虑范围。

5）光纤传输系统的性能

目前宽带光接入网采用光纤传输系统，以满足光纤传输的基本性能要求。其基本性能参数通常包括：数字段长度、传输码率、接口标准、工作波长、光纤类型及其主要性能、入纤光功率、接收灵敏度、动态范围、系统故障率、系统误码率、数字段抖动率、线路码型、设备冗余量和线路冗余量等。

2.1.2.2 宽带光接入网概述

宽带光接入网指在用户网络接口与相关的业务节点接口之间，全程以光纤作为传输媒质，或者以光纤作为主干传输媒质，以金属线或者无线作为用户末端传输媒质，采用各种宽带承载技术的一系列信息传送实体所组成的全部设施；具备支持现有宽带业务、窄带业务扩展以及支持未来业务开展所需的承载能力，并可经由网络管理接口进行配置和管理。

宽带光接入网在通信网络中的位置和定界如图 2-1 所示。

宽带光接入网具有以下一些主要特征：

（1）全程以光纤作为传输媒质，或者以光纤作为主干传输媒质，以金属线或无线作为用户末端传输媒质。

（2）具有高带宽、长距离的传送能力。

（3）支持多业务接入，包括各种窄带业务、宽带业务和对未来业务的扩展支持能力以及上述业务的同时接入。

（4）支持分组方式承载上层业务，可以作为下一代网络的接入层网络。

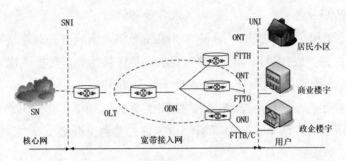

图 2-1　宽带光接入网在通信网络中的位置和定界

（5）支持接入网络的平滑演进。

2.1.2.3　宽带光接入网接口

宽带光接入网络，以全程光纤或者主干光纤及末端金属线或无线的宽带承载技术所支持的高带宽传送能力，提供与业务网络的功能和协议协调的接口，具备 QoS（服务质量）保证、安全以及必要的处理能力，支持多业务接入和业务的快速部署，可以降低网络建设和运营维护成本。

宽带光纤接入系统由光线路终端（OLT）、光分配网络（ODN）、光网络单元（ONU）或光网络终端（ONT）组成，与其他设施相连的接口应符合如下规定：

（1）与业务节点（SN）相连的 SNI 接口，可分别接入提供特定业务的不同 SN，可接入支持综合业务的 SN，或接入支持相同业务的多个 SN。

（2）UNI 是宽带光纤接入网与用户设备或者用户网相连的接口。

（3）Q3 是宽带光纤接入网与电信管理网相连的接口。

图 2-2 显示了宽带光接入网的定义。

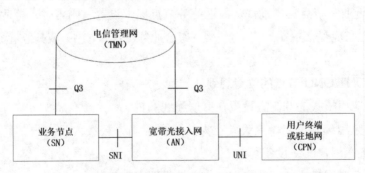

图 2-2　宽带光接入网的定义

2.1.2.4　宽带光接入网功能

宽带光纤接入系统的光线路终端、光分配网络、光网络单元或光网络终端应具有如下功能：

（1）OLT 的作用是将各种业务信号按一定的信号格式汇聚后向终端用户传输，将来自

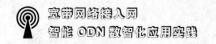

终端用户的信号按照业务类型分别汇聚后送入各业务网。

（2）ONU 由多个用户共享使用，通过铜缆配线网络或无线方式对连接的用户群提供话音、数据或视频业务，或在用户端分别增加 ONT 设备提供话音、数据或视频业务。

（3）ONT 具有为用户提供话音、数据、视频接口的作用。

（4）ODN 的作用是提供 OLT 与 ONU/ONT 之间的光传输通道；可在 ODN 上通过 WDM（波分复用）技术利用独立波道承载 CATV（有线电视网）等独立业务。

2.1.2.5　宽带光接入网拓扑

不同应用模式的宽带光纤接入系统可分别采用下列技术和网络拓扑结构：

（1）FTTH（光纤到户）应用模式宜采用 PON 技术和树形拓扑结构。

（2）FTTO（光纤到办公室）应用模式可采用 PON、光纤直连、MSTP 等技术和树形、点到点、环形等拓扑结构。

（3）FTTB/C（光纤到楼 / 分线盒）应用模式光纤段可采用 PON、MSTP 等技术和树形、星形等拓扑结构；金属线或无线段可采用以太网、ADSL2+（第二代非对称数字用户线）、VDSL2（第二代超高比特速率用户线）或 Wi-Fi 等技术实现接入。

（4）FTTCab（光纤到交换箱）应用模式光纤段可采用 MSTP、光纤直连、点到点光以太网、PON 等技术和点到点、树形等拓扑结构；金属线或无线段可采用 ADSL2+、VDSL2 或 Wi-Fi 等技术实现接入。

2.1.3　宽带网络节点规划

2.1.3.1　OLT 设备的规划设置

（1）宜靠近业务节点集中设置，靠近业务节点集中设置有困难时，可适当下移。

（2）可设置在现有业务节点，首选设置在综合业务接入局（站）或其他重要的业务节点。

2.1.3.2　ONT/ONU 节点的位置规划

（1）FTTH 应用模式的 ONT 宜设置在家居配线箱内。

（2）FTTO 应用模式的 ONT 宜设置在办公室内；当办公楼内设有内部局域网的设备间时，ONT 可设置在用户网络设备间。

（3）FTTB/C 应用模式的 ONU 宜相对集中地设置在建筑物内。

（4）FTTCab 应用模式需要采用室外机柜安装 ONU 时，宜靠近电缆交接箱选择适当位置设置。

2.1.3.3　PON 系统的设备配置规划

（1）OLT 设备的 PON 口数量按照 ODN 组网方案和 ONU/ONT 规模以及光链路保护方式来

确定，可适当考虑一定的维护冗余。光线路终端内部由核心层、业务层和公共层组成。业务层主要提供业务端口，支持多种业务；核心层提供交叉连接、复用、传输；公共层提供供电、维护管理功能。

OLT 的存在可以降低上层业务网络对接入侧设备之间的具体接口、承载手段、组网形式、设备管理等的紧耦合，并可以提供统一的光接入网的管理接口。

OLT 核心功能包括汇聚分发功能、DN（递送网络）适配功能。

OLT 业务接口功能包括业务端口功能、业务接口适配功能、接口信令处理、业务接口保护。

OLT 公共功能主要包括 OAM（操作维护管理）功能和供电功能。从 OLT 发出的光功率主要消耗在如下几处。

①分路器：分路的数量越多损耗越大。

②光纤：距离越长，损耗越大。

③ ONU：数量越多，需要的 OLT 发射功率越大。

为了保证每一个到达 ONU 的功率都高于接收灵敏度且有一定的余量，在规划设计时要根据实际的数量和地理分布进行预算。

（2）ONU 的端口配置数量应根据 ONU 的设置方式、覆盖范围、用户安装率等进行估算。

（3）ONU 设备的宽窄带端口配置比应根据用户需求特点并结合家庭网关业务的推广等进行测算。

（4）ONT 端口数量和端口类型应根据用户业务需求配置。

2.1.4 宽带网络 OND 规划

ODN 的配置通常为点到多点方式，即多个 ONU 通过一个 ODN 与一个 OLT 相连，这样，多个 ONU 可以共享 OLT 到 ODN 之间的光传输媒质和 OLT 的光电设备。组成 ODN 的主要无源器件有单模光纤和光缆、连接器、无源光分路器（OBD）、无源光衰减器、光纤接头。ODN 规划应根据用户性质、用户密度的分布情况、地理环境、管道资源、原有光缆的容量以及宽带光纤接入系统建设方式等多种因素综合考虑选择合适的结构和配纤方式。

在需要和其他电信运营企业共享 ODN 资源时，应符合以下要求：

（1）应根据共享模式和界面，灵活设置分配点。

（2）在共享资源分界处宜采用活动连接。

（3）资源共享接入点的设施容量应保证多运营企业的用户接入需求。

宽带网络 ODN 的拓扑结构通常是点到多点的结构，应根据不同的应用场景，选择星形、树状型、总线型和环形等。

宽带网络 OND 与住宅建筑方工程建设范围及分工界面应根据用户接入点设置的位置确定。宜按图 2-3 进行分界。

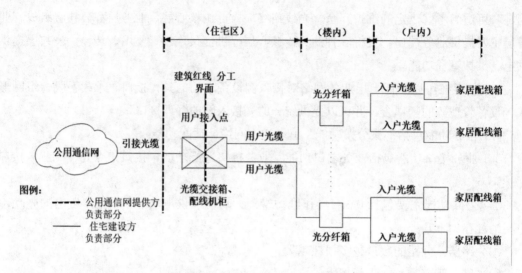

图 2-3　光纤到户接入示意图

2.1.5　宽带网络 VLAN 规划

2.1.5.1　VLAN 划分应符合的原则

（1）对不同的业务类型可通过分配不同的 VLAN（虚拟局域网）实现优先等级。

（2）根据网络特点和运维需要针对各种业务采用相应的 VLAN 分配方式，可采用 PUPSPV（每用户每业务一个 VLAN）、PSPV（每业务一个 VLAN）、PUPSPV+PSPV 组合等方式。

（3）VLAN ID 的使用应由电信业务经营者统一规划。

2.1.5.2　IP 地址规划应符合的原则

（1）IP 地址应全网统一规划，可根据业务和设备类型选择静态配置或动态配置。

（2）IP 地址规划和分配应符合《宽带 IP 城域网工程设计规范》（YD/T 5117—2016）等规范的相关要求。

2.2　宽带网络项目设计

基于 PON 的 FTTH 网络从 OLT 所在的接入网机房到 ONU 所在的用户，按照从用户端到接入网机房的顺序依次划分为光纤终端子系统、引入光缆子系统、配线光缆子系统、主干（馈线）光缆子系统和中心机房子系统五部分。在贯彻有线接入网国标、规范，以及光接入网技术和住宅区接入网建设特点的基础上，根据国内及国际通信市场的最新动态，结合最新国标、行标规范与工信部历次通信建设工程质量监督的要求，进行设计。

2.2.1 设计作业总体流程

线路专业设计流程和设备专业设计流程分别见图 2-4 和图 2-5。

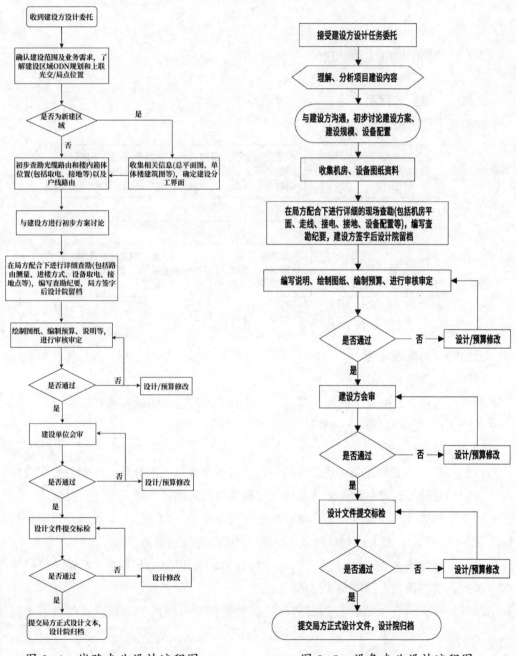

图 2-4　线路专业设计流程图　　　　　图 2-5　设备专业设计流程图

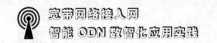
FTTX[①] 工程设计有其独特性和复杂性，主设备与配套设备之间必须同步发展，才能最终形成端到端的生产能力，对于 FTTH 而言，除了要完成引入段、垂直段、水平段光缆的设计以外，还必须同步开展配套管道等专业的设计。各种方式都要在设计中实体网络的相关资源情况。

FTTX 工程设计主要包括前期准备、现场勘察、文本设计、项目会审等阶段。本章将详细介绍 FTTX 工程勘察步骤、勘察内容及勘察要点，有关设计方面要求请参考相关设计规范。

2.2.2　宽带网络工程勘察

2.2.2.1　勘察流程图

勘察流程图见图 2-6。

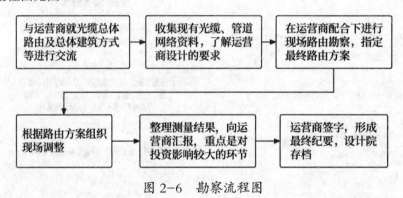

图 2-6　勘察流程图

2.2.2.2　勘察前准备

时间：设计勘察阶段。

任务：通过设计勘察了解现场情况，并选择适用的建设场景和模式。

2.2.2.2.1　线路专业勘察前准备

1）确认勘察内容

（1）与建设单位沟通确定建设规模、范围及各个区域线数分配，掌握各类建设场景的优先级别和建设模式等原则；了解属地的常规建设思路模式和相关个性化要求。

（2）了解建设节点实施方案：建设场景、设备型号、物理尺寸、设备功耗等；接入点 ONU 上联 OLT 情况、接入点 ONU 与 OLT 距离、PON 口资源规划情况等。

（3）了解建设节点现场情况：楼内布线种类、引用电源情况等；如要在现有节点扩容 / 改造，需在资源系统核实现网情况。

（4）与小区开发商或物业沟通确认小区的终期建设规模、本期建设规模、建筑物概

---

① FTTX（Fiber To The X），指光纤到 X，"X"指光纤线路的目的地。

况、建设进度等情况，了解其对入场勘察的流程要求，搜集建筑物建筑平面图纸、弱电布线图等资料。

（5）汇总分析搜集到的小区信息：小区建筑类型（洋房、别墅或其他）、本期覆盖楼栋、各栋楼层及住户数、水平布线情况、垂直布线情况、分光器覆盖范围及数量、主配线光缆的引入、OLT 设置及 PON 口规划情况、ONU 至 OLT 上联传输距离情况等。

2）制订勘察计划

（1）项目负责人将工程概况、建设原则、分工、完成时限、勘察设计注意事项等传达给区域负责人；区域负责人再次确认各个建设节点的规模、核实节点宽窄带用户数，涉及改造的需了解改造用户的业务类型，是否含有商业网、DDN（数字数据网络）、无线室内分布等业务需求；需要同小区开发商或物业预约勘察时间，落实陪同人员及联系方式。

（2）根据工程规模、人员分配、完成时限、预约时间等制订勘察计划。

3）资料准备

（1）图纸资料：小区地形图（地图）、建筑物平面图、弱电布线图、光交间 / 接入点平面图、管网图等。

（2）其他资料：联系人方式、身份证、工作证、勘察记录表、出入许可证（机楼 / 设备间）等。

4）车辆及工器具准备

（1）车辆：勘察用车。

（2）工具 / 器具：测量轮或测距望远镜、数码相机、绘图板、皮尺或卷尺等。

（3）其他勘察用品：安全帽、安全带、绝缘胶鞋、反光衣、应急药品、指南针、手电筒等。

5）落实勘察

（1）根据预约情况，勘察前需再次同开发商或物业电话确认，落实勘察地点的具体位置，如约入场勘察。

（2）根据接入点的情况，如需建设单位或其他部门配合，需提前 1 ～ 2 天预约相关部门，落实共同勘察计划。

6）需要建设单位明确的问题

（1）本次新建 ODN（光分配网）网络需要接入的具体主干或配线段光缆资源情况、新建 / 改造涉及用户的业务类型，改造时是否提供商业网、DDN、无线室内分布等资料。

（2）现场勘察的联系人及联系方式。

（3）客户现场为本次新建光节点设备（光交箱、光分器箱、户内信息面板 / 综合信息箱）预留或提供的初步安装位置。

（4）客户初步考虑提供设备取电的引入位置、接入的原有地网位置等。

2.2.2.2.2　设备专业勘察前准备

（1）了解工程所在地 PON 网络的基本情况，掌握工程的建设方案，明确工程建设对质量和进度的要求。

（2）明确本工程的设计内容及近、远期规划情况。

（3）明确本工程设计与其他专业的分工关系和配合关系。

（4）若为扩容工程，应借阅以前的相关设计文件，熟悉并研究原设计内容。

（5）对委托函／任务书的内容、性质、规模等问题不够明确或需要补充完善的问题，应与拟定委托函／任务书的单位或部门联系，予以明确和补充。

（6）熟悉本工程的合同文本、设备配置、机架面板图和分工界面，列出各站点配置的设备数量、需新增的配套设备数量及所需的电源负荷等，并准备相关的设计资料。

（7）准备勘察工作中需要的表格、勘察工具（安全帽、绝缘手套、绝缘胶鞋、应急药品、指南针等）、仪表、车辆和费用等。

（8）拟定初步的勘察工作计划、日程及进度安排，及时与建设单位联系，请他们做必要的配合和准备工作（如提供勘察中需要的资料、派专人协助勘察工作等）。

2.2.2.3 勘察步骤及内容

2.2.2.3.1 线路勘察步骤及内容

（1）从设计任务书或委托书中获取项目总体情况（包含项目名称、项目所在地、建设模式、上联局点、上联光交、分工界面，见图 2-7）。

设计委托书

XXXXXXXXX公司：

现委托贵院承担　　市清浦区盛世名门花园 FTTB 接入通信光电缆工程的设计，具体要求如下：

1. 设计内容

（1）项目名称：XX市XX区盛世名门花园 FTTB 接入通信光电缆工程。

（2）项目地址：XX市XX区天津路盛世名门小区。

（3）设计范围：盛世名门小区一期。

（4）建设模式：按照 FTTB 方式接入。

（5）上联局点：XX市XX区新新家园机房 OLT；

（6）建设范围：用户多媒体箱至 OLT 机房之间的光电缆及光节点。

2. 设计依据：XX市电信 2011 年市区无源光网络（OON）规划的会议纪要。

3. 所有通信设备、设施的编号按《中国电信本地网网络资源命名及编码规范（试行）》要求进行统一编号命名。

4. 完成时限：请于 2012 年 02 月 13 日进场设计，在 2012 年 02 月 21 日前提供具体的设计方案和设计图纸进行会审，并在 02 月 23 日前提供完善的设计文本。

联系人：

施工单位联系人：XXX　XXXXXXXXX

建设方客户经理：XXX　XXXXXXXXX

建设方设备项目经理：XXX　XXXXXXXXX

建设方线路项目经理：XXX　XXXXXXXXX

监理单位联系人：XXX　XXXXXXXXX

2012 年 02 月 10 日

图 2-7　勘察步骤示意图 1

（2）通过地图软件获取项目地点详细位置和上联局点位置，并标示外线路由信息，见图 2-8。

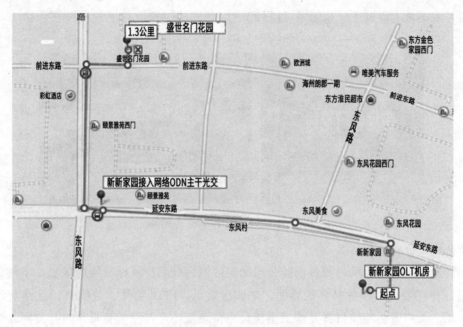

图 2-8　勘察步骤示意图 2

（3）查找到项目地点交通信息，准备勘察工具，前往现场勘察，见图 2-9。

图 2-9　勘察步骤示意图 3

注：管道勘察需两人配合，开井下井勘察时，井周围应设置安全警示标示并进行围

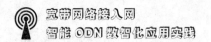
挡，下井人员应佩戴安全帽，通过气体检测仪检测井下空气，并佩戴防毒面具，不得两人同时下井。

（4）到达项目地址后，拍摄项目标准地址名称的照片，并记录在勘察表格上，见图 2-10。

图 2-10　勘察步骤示意图 4

（5）现场核实项目情况。

同开发商、建筑总承包商或物业公司确定区域标准名称及标准地址信息、本期交付楼宇数量，核实委托／任务书分工界面，如园区管道、FTTB 箱体、分线箱、过路盒、用户多媒体箱、入户五类线缆材料及施工由建设单位负责还是开发商负责。向开发商、建筑总承包商或物业公司提供各箱体尺寸、安装要求、入户线缆穿放方式及盘留长度并确定箱体安装位置。

（6）勘察外线光缆、电缆，绘制草图，记录建筑分布情况及楼号。

记录项目包含所有的建筑情况，如单元数、楼层数、建筑功能分布（如全部为住宅或一层为商铺，二层以上为住宅）、每层住户数等信息，绘制平面草图。

勘察、绘制引入段光缆部分的路由，记录各段路由长度。记录架空线路引上下位置、三线交越保护、与强电设施的间距等信息，记录现有架空线路的承载、需修复段情况。记录本期管道路由管孔及其占用情况，空余子管的颜色，本期拟占管孔、子管等信息；记录入井编号、周边建筑物、指北方向等信息。记录光缆接头、盘留位置、长度等信息绘制配套线槽部分的安装路由，记录规格、引入竖井位置等信息并同开发商或总包商确认。绘制光缆、电缆箱体面板图，见图 2-11。

图 2-11　勘察步骤示意图 5

绘制平面草图，见图 2-12。

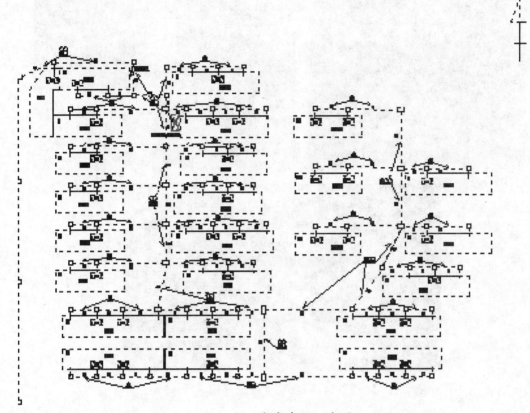

图 2-12　勘察步骤示意图 6

拍摄建筑外观照片，见图 2-13。

图 2-13　勘察步骤示意图 7

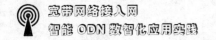
（7）勘察室外机柜、光电缆交接箱安装位置，见图 2-14。

图 2-14　勘察步骤示意图 8

确定室外机柜、光电缆交接箱安装位置：地下室、车库等户内或户外地点。

①户外应选择地势较高、地形平坦、土质稳定、太阳不能直射的背阴处，大地电阻率较低，便于地线安装。

②选择在人行道边、绿化带内、院落围墙角等较安全隐蔽且便于工程施工的地点。

③在改造场景，机柜应靠近电缆交接箱设置，尽量缩短联络电缆长度。在电缆交接箱附近难以新增机柜时，可考虑将原有电缆交接箱同址改造为一体化节点。

（8）勘察楼道 FTTB 箱体及分线、分纤箱等箱体的安装位置，定位箱体时应选择距离用户线缆汇聚点较近的位置，新建 FTTB 等箱体应勘察接电接地路由并在图纸中标注，拍摄箱体定位照片。

同开发商、总包商或物业确认箱体安装位置及安装方式，应尽量选择不影响行人通过的地方，靠近其他弱电箱体。在有条件的情况下，要确保箱体安装位置与周围现有管线的安全距离；确保箱体正面无障碍，有足够空间开启箱门及便于维护。箱体接电如采用明线敷设时应套阻燃 PVC 管，确定新建地网位置。确认、绘制箱体的具体安装位置，记录入线光缆、出线皮缆的路由，记录保护材料的规格及数量，记录箱体内分光器、熔接模块、适配器、尾纤等材料的型号和数量。

确定信号线、电源线的布放路由。避免信号线和电源线交叉、同槽布放，见图2-15。

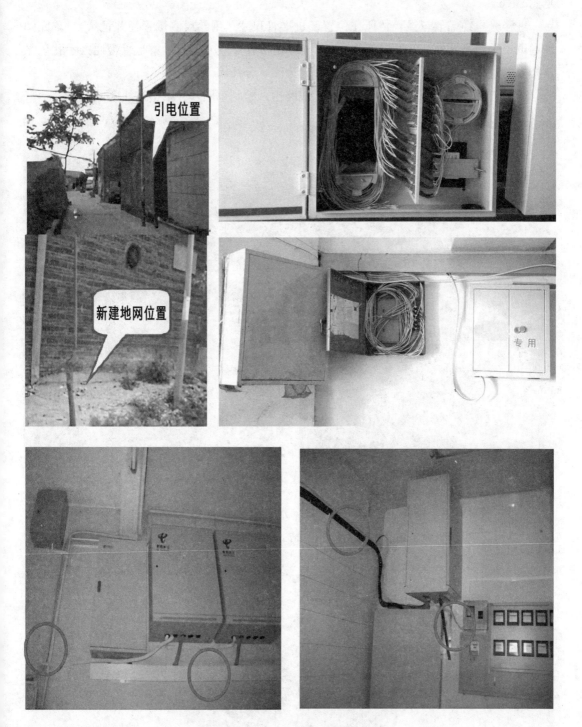

图 2-15　勘察步骤示意图 9

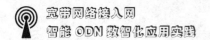
（9）勘察光电缆引入方式（暗管、引上、墙壁钉固等），绘制草图，拍摄现场照片，见图 2-16。

进楼光电缆需要记录箱体所在位置及进楼管尺寸（用卷尺测量管径并记录），单元间沟通电缆敷设方式（从开发商或物业处了解）：暗管穿放方式应勘察暗管直通人手孔还是从楼内弱电桥架或地板下暗埋直通其他单元分线、分纤箱。

明线钉固方式在小区内应勘察室外走线路由，绘制草图，并拍摄走线区域照片。

图 2-16　勘察步骤示意图 10

（10）勘察室内光电缆走线，记录垂直、水平走线路由，现场确认走线方式（走线架、桥架、暗管、明管暗线、钉固等），见图 2-17。

图 2-17　勘察步骤示意图 11

同开发商、总包商或物业确认线缆水平布线部分的布线路由（暗管、槽道或其他），明确暗管或槽道是由开发商提供，还是建设单位承担。确认暗管或槽道的规格，绘制水平布线部分每层（标准层／非标准层）、每户入户线缆的布放路由，测量长度，记录相关数据，确认入户线缆的引入位置，是否需新打墙洞。

同开发商、总包商或物业确认线缆垂直布线部分的布线路由（竖井槽道或其他），明确槽道等是由开发商提供还是由建设单位承担。确认槽道的规格，绘制垂直布线部分每梯、每竖井的布线路由、槽道安装位置，测量每梯层高等，记录相关数据。

（11）勘察入户线缆及成端方式，见图 2-18。

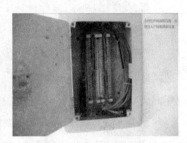

图 2-18　勘察步骤示意图 12

勘察入户线缆及成端方式，同开发商、总包商或物业确认线缆安装方式（利旧原有线缆、暗管暗线、明管暗线、回抽原有线缆换线敷设等），现场勘察信息面板或综合信息箱的安装位置，确定线缆在信息面板、综合信息箱内的成端方式，合理预留线缆长度。

楼道汇聚侧箱体成端五类线缆时应勘察现有模块是否为高频模块。拍摄照片并绘制面板图。

2.2.2.3.2　设备勘察步骤及内容

1）现场勘察工作

A. 与建设单位做好联系工作

到现场实地勘察之前，应先赴建设单位详细了解本工程的勘察任务、工程的特点、工程设计初步拟定的方案、勘察设计工作计划等，并请他们对勘察设计工作给予指导和协助，派人参加现场勘察工作。

建设单位若要求变更设计任务书或提出有关本工程的其他要求时，应报请下达任务书（委托函）的主管单位及工程项目总负责人。

B. 现场技术勘察

整理调查搜集的资料和研究设计方案是勘察工作中很重要的环节。在进行现场技术勘察时，要与电源、管线、土建等专业人员密切配合，应该做到边看、边问、边记，及时整理、分析和总结调查中所得到的资料，并逐步形成设计方案。一般来说，勘察工作中有新建机房和已有机房两种情况。

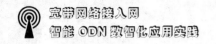

●新建机房

调查了解现有 PON 网络组织情况（通信设备制式、规模、容量、路由及局站分布等），以及 PON 网络未来的发展和规划思路（主要是和本工程有关的部分）。

要与其他专业人员密切配合，确定机房内各功能区域的划分。

详细勘察光、电缆的进出线路由，调查核对机房地面荷载（平房或一层可以不考虑）、净高、层高及相关的工艺资料（如槽道、孔洞、空调等）。

征求建设单位维护部门对新设机房设备、平面布置的意见，以及对配套设备的选用意见。

●原有机房

核对原有机房的总平面布置图，标注各机房的相对位置及间距。

核对原有机房的设备布置平面图，记录各列安装的设备情况、排列位置、机列面向、列间距离及其他相关尺寸。无平面图时，需现场测量机房平面尺寸及设备的机列位置、机列面向、列间距离和其他相关尺寸，现场绘制平面图，重点标出电源、接地排、设备侧及线路侧 ODF 架（光纤配线架）的位置。

调查和核对并详细记录机房已有 PON 设备、ODF 架、列头柜、直流配电屏的名称、规格型号、数量、端子分布、使用情况及使用方法，并征求建设单位对利旧、更新或新增同类型设备的意见。

核对原有机房槽道／走线架安装图及相关安装尺寸（安装高度、槽道或走线架宽度、地槽及孔洞相对位置等），并商定本工程设备安装方式，初步确定安装工程量。

核对原有机房光缆进出局路由、机房内布线连接和路由，商定本工程新增设备的布线路由和位置。

调查机房的活荷载（平房或一层可不考虑），净高及有关的工艺槽道、孔洞等资料，是否满足本工程新增设备的需要。

调查并核算直流供电系统的压降分配是否满足本工程新增设备的需要。

C. 机房平面勘察

平面布局是指整个机房内各设备的安装摆放。其中既要考虑现有设备的布置，也要考虑未来机房发展预留设备的位置，同时要符合相关规范要求。

预先了解本工程安装的各种设备的数量、可能采用的厂家设备及各设备的尺寸（即高、宽、深），同时要了解设备是否可以背靠背安装。

事先准备好机房平面图，并在现场进行核实、更新；如没有，在现场要仔细测量。核实机房现有设备、楼板洞、接地排实际位置，并用不同颜色或图例标明本期新增设备的安装位置。

如实记录机房平面，特别需要注意机房开门位置，平面南北朝向，楼层及楼层高度等小问题。

设备布置应注意单列设备正面朝向，ODF 要标明线路侧面和设备侧，MDF 要标明设备侧和外线侧。

对于有防静电地板的传输机房，勘察时需要测量防静电地板的实际高度，计算出新增设备所需要的机墩尺寸和数量。

D. 机房走线架及走线路由勘察

机房的走线路由分为机架上走线（走线架／槽道内走线）和机房下走线（机房地面铺设防静电地板，所有线缆走线均从防静电地板下线槽内走线）两种。机房下走线由于线缆全部在密闭、狭小的地板下走线，安全性及维护性较差，现在已经基本不再使用，原则上新建机房均使用上走线方式。

走线架／槽道主要是提供不同设备的机架之间、不同专业机房之间配线的布放安装。

勘察时需在平面图上将现有走线架／槽道和需要新增的走线架／槽道画出，将需要安装的设备和需要布放的线缆（含电源线、尾纤、信号线）标示清楚，然后根据机房走线槽道实际情况逐一进行核实，最终确定走线路由及具体位置。再将布放的各种电缆长度进行测量，将最终结果记录在图纸和相关勘察表格上。

测量线缆长度应考虑以下问题：

（1）除考虑线缆在走线槽内布放的长度外，还应增加线缆由走线架至设备内的延伸长度，通常从走线槽内延伸到设备机架的距离按 3 米考虑。

（2）在槽道内布线遇到转弯等情况，适当增加 0.5 ～ 1 米的转弯余量。

（3）最终的线缆长度需要再适当考虑部分冗余，在原有基础上增加 2 米左右。

走线路由选择的原则：

（1）节约材料，路由选择尽可能短，不交叉或少交叉。

（2）考虑未来发展，不占用预留发展机位的出现位置。

（3）各行其道，不同线缆走各自专用槽道。

（4）在电源线和尾纤没有专用槽道的情况下，同一槽道内电源线和信号线应分开布放，相互之间应间隔一定距离，特别注意尾纤不能被其他线缆挤压。

2）主设备勘察

A. OLT 设备勘察

OLT 设备一般安装在机房内，现场勘察通常会有新增机架、扩容子架两种情形。

新增机架设备勘察内容如下：

（1）设备名称、设备结构及尺寸。

（2）设备安装位置。现场勘察时，应从机房设备规划和合理利用空间角度出发，与建设方明确新增设备安装位置，对经过现场勘察确认了的设备安装位置和预占资源，应采用可视性标识进行标记，以防误用资源。

（3）设备对地、对顶加固方式，明确是否需安装机墩。

（4）设备电源取电方式。根据新增设备功耗，明确电源熔丝或空开大小以及设备电源的引接方式。

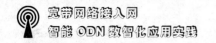

（5）设备尾纤、尾缆、电源线及保护地线走线方式，明确是上走线还是下走线、是前出线还是后出线。

扩容子架的勘察内容如下：

（1）明确扩容主设备名称及位置，并在随身携带的设备平面图中标明。

（2）扩容设备架顶外接电源情况，勘察时应该记下扩容设备引接电源情况，并根据原有设备功耗和新增设备功耗计算电源是否能够满足需求。

（3）扩容设备子架及各板件情况，勘察时应详细记录扩容主设备机架子架及子架内各板件的安装位置和使用情况，同时根据新增板件核实扩容设备槽位是否可行，发现情况应及时与总负责人进行沟通，提出解决方案。

（4）扩容设备尾纤、尾缆走线方式，明确是上走线还是下走线、是前出线还是后出线，并核实线缆的出线是否顺畅。

B. ONU 设备勘察

ONU 设备一般安装在接入网点综合机柜或户外机柜等末端环境，同样分新增设备和扩容设备两种情形。

新增设备勘察内容如下：

（1）设备名称、设备结构及尺寸。

（2）设备安装位置：现场勘察时，需明确设备安装的具体位置，如新增综合机柜，需明确综合机柜安装位置及设备安装在综合机柜内的位置；如利旧综合机柜则需明确综合机柜剩余空间是否足够，并确定设备的安装位置。

（3）设备电源取电方式：明确是从综合机柜还是开关电源取电，并核实机房电源是否满足需求。

（4）设备尾纤、用户电缆及保护地线走线方式。

扩容设备勘察内容如下：

（1）明确扩容设备名称及位置，并在随身携带的设备平面图中标明。

（2）勘察时应详细记录扩容设备各个槽位的占用和使用情况，并对本期工程扩容情况进行核实，核实扩容设备是否满足需求，发现情况应及时与总负责人进行沟通，提出解决方案。

（3）扩容设备尾纤、用户电缆走线方式。

3）配套设备勘察

A. 电源勘察

电源主要包含供电系统和接地系统两个部分。

通信机房及大部分户外机柜内的 PON 设备（个别户外机柜只能提供 220V 市电）通常采用 -48V 直流供电，其输入电压允许变动范围为 -40V 至 -57V。

直流不间断供电系统主要由换流设备（高频开关电源）、蓄电池组和配电设备（直流配电屏、列头柜等）组成。

①开关电源

开关电源是利用现代电力电子技术，控制开关晶体管开通和关断的时间比率，维持稳定输出电压的一种电源。常见高频开关电源由开关电源机架、整流模块、监控模块、直流输出端子等部分构成。

开关电源的勘察，主要是了解掌握在用的开关电源设备的配置情况，核算其是否有冗余，其冗余量是否满足本工程增加设备的用电。

②蓄电池

目前最常见的通信用蓄电池是阀控式密封铅酸蓄电池。一般情况下，蓄电池组采用两组蓄电池，每组 24 只电池，标准电压 -48V。

蓄电池的摆放有单层单列、单层双列、双层单列、双层双列等形式，一般需综合考虑机房空间与承重等因素后选择合适的安装方式。

蓄电池的勘察，主要是了解和掌握在用蓄电池的配置情况及使用情况，核算其是否有冗余，其冗余量是否满足本工程增加设备的用电。

在用蓄电池的容量与应用环境、使用时间的长短和维护保养的质量有很大关系，一般通信用的蓄电池的标称使用寿命为 10 年，有个别品种的标称使用寿命为 20 年，UPS（不间断电源）使用的蓄电池的寿命为 5 ～ 6 年，一般情况下很少有蓄电池的使用时间能达到标称使用年限。如果勘察时发现通信用的蓄电池已使用 5 年以上，那么应特别注意了解电池是否进行过检修、是否测试过容量、实际的容量是多少等。

③直流配电屏

直流配电屏主要用于通信局站内直流电源的二次分配，以满足通信设备对分路数量和容量等的要求。一般配置熔丝，容量与体积较大。

通常不仅电力室有直流配电屏，设备机房也有直流配电屏，对于直流配电屏的勘察主要是了解输入端的容量到底是多少、可分配的端子冗余情况、冗余端子的规格型号、额定工作电流、允许压降分配等。

④列头柜

列头柜是提供通信设备电源管理和分配的辅助设备。一般配置空气开关（也有配置熔丝的情况），容量与体积较小。

列柜的勘察，需要了解列头柜的总容量、分熔丝的使用情况，即柜内分熔丝的种类、型号规格，是否已占用端子，是否有冗余端子，需新增设备的耗电电流是否满足要求，如果不满足要求如何处理。

有些列头柜只有冗余端口，但没熔丝，需要注意的是所安装的设备需要多大的熔丝，确定需要配置哪种型号规格的熔丝，核实冗余的熔丝底座是否合适。

⑤接地系统

为了保证工作中的通信设备运作良好以及维护人员的人身安全，通信设计中应充分注意做好接地的考虑。通信设备接地总体分为工作接地、保护接地和防雷接地。

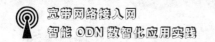
工作接地的目的是防止共频干扰，保证各种通信系统的质量。

保护接地的目的是防止工业用电低压漏电，对设备、仪表和人员造成伤害。

防雷接地实际也是保护接地的一种，但是它要防止的雷电电压相当高，且要防止的雷电电流强度也相当大。机房的防雷接地主要是用于防止室外线缆引入的雷电造成对设备和维护人员的伤害。

机房的工作接地、保护接地和防雷接地宜采用分开引接方式。

常见的接地排有铜排和汇流条两种。

铜排，是由铜材质制作的，截面为矩形或倒角（圆角）矩形的长导体。

汇流条，是由铜材质制作的，沿走线架或墙面安装的长条形导体。它能简便且安全地将电势分配到标准汇流条上，并显著缩短保护地线的长度。

勘察时应搞清楚综合接地体引入机楼的总地线排、专业通信机房的保护地线汇接排的具体位置，以及总地线排、机房保护地线汇接排的接线端子的使用情况和端子的规格型号，接线端子到所安装的通信设备机架所在位置的距离等。

B. ODF 勘察

光纤配线架（Optical Distribution Frame，简称 ODF），又称光纤配线柜，是用于光纤通信网络中对光缆、光纤进行终接、保护、连接及管理的配线设备。在本设备上可以实现对光缆的固定、开剥、接地保护，以及各种光纤的熔接、跳转、冗纤盘绕、合理布放、配线调度等功能。

光纤配线架结构分为三种类型，即壁挂式、机柜式和机架式，见图 2-19、图 2-20、图 2-21。壁挂式一般为箱体结构，适用于光缆条数和光纤芯数都较小的局所；机柜式采用封闭式结构，纤芯容量比较固定，外形比较美观；机架式一般采用模块化设计，用户可根据光缆的数量和规格选择相对应的模块，灵活地组装在机架上，它是一种面向未来的结构，可以为以后光纤配线架向多功能发展提供便利条件。

图 2-19　壁挂式光纤配线架实物图

图 2-20　机柜式光纤配线架实物图

图 2-21　机架式光纤配线架实物图

光纤配线架从用途上可以分为两种，即设备侧和线路侧。设备侧 ODF 主要用于光支路的终端、调度与管理，线路侧主要用于光缆的终端、连接与跳纤等。

勘察 ODF 时，一看接头类型，SC 或 FC[①] 等；二看终端顺序，从左往右、从上往下或左右分离等；三看端子占用情况。

C. MDF 勘察

总配线架（Main Distribution Frame，简称 MDF），外线侧连接铜芯双绞线市话通信电缆，内线侧连接电信交换或接入设备的用户电路，可通过跳线进行线号分配接续，且具有过电压过电流防护、告警功能及测试端口。

MDF 基本组件：机架 / 柜、测试接线排（内线模块）、保安接线排（外线模块）、保安单元。

按设备形态可分为三类。

（1）双面跳线式总配线架，由横列和直列背靠背构成，横列安装测试接线排，直列安装保安接线排，它们之间通过跳线连接，见图 2-22。

（2）单面跳线式总配线架，将外线和内线的跳线架端子设置在同一面上，外线和内线之间通过跳线连接，见图 2-23。

（3）户外机柜集成总配线架，见图 2-24。

图 2-22　双面跳线式总配线架实物图

---

① SC 与 FC 都是指一种光纤连接器，广泛用于电信和光纤网络领域。

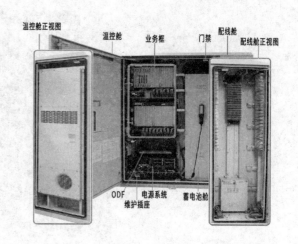

图 2-23　单面跳线式总配线架实物图　　　图 2-24　户外机柜集成总配线架实物图

D. 综合机柜勘察

综合机柜广泛应用于接入网机房，具有集各种通信设备于一柜之中，灵活通用的特性。

综合机柜的品种、结构多样，可根据用户的实际要求定做。综合机柜使用灵活，机柜内各单元相对独立，可根据用户的实际需要选择安装。常见的尺寸为 2 200 毫米 ×600 毫米 ×600 毫米、2 000 毫米 ×600 毫米 ×600 毫米（$H \times W \times D$）等。

机柜内一般包含直流电源分配单元、保护地排、工作地排、防雷地排、数字配线单元、主设备（盒式传输设备）、光纤配线单元等。

在勘察中，需要了解综合机柜的整体情况、直流电源分配单元、ODF 单元、MDF 测试接线排的使用情况等等，具体内容如下：

（1）记录综合机柜的尺寸（$H \times W \times D$）、厂家等基本信息。

（2）绘制综合机柜大样图，了解综合机柜内配置的电源分配模块、主设备及其他设备的类型、数量、安装位置等详细信息。特别注意测量综合机柜的剩余空间，是否能满足本期工程新增设备的需求。

（3）记录直流电源分配单元内输入熔丝、分类熔丝的种类、规格型号、已使用数量、还有多少空端口，是否能满足本期工程新增主设备的电源需求。输入熔丝如果不是主、备两路，是否需要改造。

E. 户外机柜勘察

户外机柜是指直接处于气候影响下，由金属或非金属材料制成的，不允许操作者进入操作的柜体。其内部可安装通信系统设备、电源、电池、温控设备及基地配套设备，能为内部设备正常工作提供可靠的机械和环境保护。

户外机柜主要由设备仓、蓄电池仓、配线仓构成。

在勘察中，多数情况是要在户外机柜内新增主设备、MDF 或 ODF 等。需要了解户外机柜的整体情况、直流电源分配单元、MDF、ODF 的使用情况等，具体内容如下：

（1）记录户外机柜的尺寸（$H \times W \times D$）、厂家等基本信息。

（2）绘制户外机柜大样图，了解户外机柜内配置的电源分配模块、MDF、ODF、主设备及其他设备的类型、数量、安装位置等详细信息。特别注意测量户外机柜的剩余空间，是否能满足本期工程新增设备或模块的空间需求。

（3）记录直流电源分配单元内输入熔丝、分类熔丝的种类、规格型号、已使用数量、还有多少空端口，是否能满足本期工程新增主设备的电源需求。输入熔丝如果不是主、备两路，是否需要改造。

（4）记录 MDF、ODF、主设备的使用情况。

4）向建设单位汇报并征求意见

现场勘察工作基本结束以后，在离开勘察地点之前，必须将勘察工作的初步结果向建设单位有关负责人汇报，征求建设单位对工程设计推荐方案的意见。介绍的主要内容包括：

（1）初步推荐的本工程新增设备的安装位置。

（2）工程设计的范围和相关专业的分工。

（3）初步推荐的本工程通信系统和配置的设备与原通信系统和设备的衔接、割接开通方案。

（4）需要建设单位或维护部门配合的其他问题。

（5）确认所需资料是否齐全、现场勘察是否仔细，提出设计方案并汇报，认真填写现场勘察记录表，在双方达成共识后，请建设单位负责人签字确认。

2.2.2.3.3　汇报总结工作

勘察结束回院后，需将勘察的全部情况向项目总负责人、审核人做详细的汇报，提出对工程设计推荐方案和有待解决的问题，对一些具体的问题进行分析和解决。

此外，勘察回院后，应先着手绘制平面图，便于建设单位安装光纤配线架或其他配套设备等，同时统计配套设备的数量，包括 ODF、MDF、列头柜、直流配电屏及走线架。

2.2.2.3.4　OLT/ONU 设备勘察设计中的分工界面

1）建设方和供应商的分工界面

需明确设备机架、底座、线缆等是否由供应商提供，供应商提供哪些施工、督导、调测服务，避免重复计列、重复采购。

2）与电源专业的分工界面

与建设单位电源专业的分界点为机房内开关电源 / 列头柜的输出端子，输出端子至设备的电源线的走线路由的指定及保护地线的走线路由一般由 OLT/ONU 设计负责。电源端子及以外部分由建设单位电源专业人员负责。

3）与数据专业的分工界面

OLT 设备上联至城域网由数据专业人员负责；OLT 设备至汇聚交换机的局间光路由

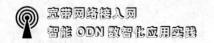

OLT/ONU 设计负责。

4）与传输专业的分工界面

与传输专业的分界点在 ODF 的设备侧，OLT 设备至 ODF 设备侧之间的尾纤／尾缆由 OLT/ONU 设计负责，ODF 设备侧以外均由传输专业人员负责。

2.2.2.4　勘察注意事项

2.2.2.4.1　勘察安全注意事项

1）勘察设计单位的安全责任要求

（1）勘察设计单位应当按照法律、法规和工程建设强制性标准进行勘察，提供的勘察文件应当真实、准确，满足建设工程安全生产的需要。勘察设计单位在勘察作业时，应当严格执行操作规程，采取措施保证各类管线、设施和周边建筑物、构筑物的安全。

（2）勘察设计单位应当考虑施工安全操作和防护的需要，对涉及施工安全重点部位和环节在设计文件中注明，并对防范生产安全事故提出指导意见。

（3）采用新结构、新材料、新工艺的建设工程和特殊结构的建设工程，勘察设计单位应当在设计中提出保障施工作业人员安全和预防生产安全事故的措施和建议。

2）室外勘察时应注意

（1）前往室外环境进行勘察前，应充分了解所在地环境情况，做好潜在危险预判，制定相应的预防和安全防护措施。

（2）在室外勘察时应注意人身安全，做好防雷、防电，应避免靠近和接触电力线，在塔桅或建筑物上勘察时防止跌落，在特殊环境和特殊天气下勘察应做好相应安全防护。

（3）连续多日进行室外勘察时，应调整好作息时间，保持良好的饮食卫生和营养，确保身体健康，若出现发热、脱水等身体症状应立刻停止勘察工作，就近就医。

（4）室外勘察应避免破坏周边自然环境，保护周边植被、水源地等安全，设计方案也应着重考虑不破坏原有自然环境状态。

（5）在铁路、桥梁及有船只航行的河道附近勘察时，不准使用妨碍火车、船只通行的信号标志。严禁在铁轨、桥梁上坐卧。严禁在铁轨或双轨中间行走，携带较长的工具在铁路沿线行走时，所携带的工具要与路轨平行，并注意避让。跨越铁路时，必须注意铁路的信号灯和来往的火车。

3）在室外线路勘察时应注意

（1）测量时应根据现场实际情况分段丈量。皮尺、钢卷尺横过公路或在路口丈量时，应注意行人和车辆，防止发生交通事故。

（2）露天测量时，观测者不得离开测量仪器。因故需要离开测量仪器时，应指定专人看守。测量仪器不用时，应放置在专用箱包内，专人保管。

4）高空勘察作业安全要求

（1）登高勘察作业的员工，必须经过专业培训且持有登高证，作业前要戴好安全帽、正确使用安全带、穿好安全鞋（安全三宝），方可进行高空勘察作业，并遵循高空作业相关操作规程，其他人员严禁在坠落高度基准面2米以上（含2米）有可能坠落的高处进行勘察作业。

（2）遇有强风、暴雨、大雾、雷电、冰雹、沙尘暴等恶劣天气时，应停止室外作业。雷雨天气不得在电杆、铁塔、大树、广告牌下躲避，不得手持金属物品在野外行走并应关闭手机。

5）地下室、人井内等受限空间勘察安全要求

（1）勘察作业人员进入受限空间作业，必须按照国家安监局颁布的《有限空间安全作业五条规定》执行。一是必须严格实行作业审批制度，严禁擅自进入有限空间作业。二是必须做到"先通风、再检测、后作业"，严禁通风、检测不合格作业。三是必须配备个人防中毒窒息等防护装备，设置安全警示标识，严禁无防护监护措施作业。四是必须对作业人员进行安全培训，严禁教育培训不合格上岗作业。五是必须制定应急措施，现场配备应急装备，严禁盲目施救。

（2）在进入地下室和人井勘察时，必须有两人以上，且勘察人员应经过安全培训并取得合格证书。

（3）进入地下室人井作业必须严格执行"先通风、再检测、后作业"的原则，先进行通风、有毒有害气体检测，确认无易燃、有毒有害气体后再进入。检测必须留有记录（包括时间、地点、检测人员、气体种类、浓度等信息），检测时间不得早于作业开始前30分钟。未经通风和检测合格，作业人员严禁下井作业。

（4）严禁将易燃易爆物品带入地下室和人井；严禁在地下室、人井内吸烟。勘察时，若遇有易燃易爆或有毒有害气体时，禁止开关电器、动用明火，必须立即采取措施、排除隐患。

（5）夏季在地下室和人井内勘察，应保持通风，以防中暑。

（6）勘察人员在人井内勘察若感觉不适应立即呼救，并迅速离开人井，待采取措施后再勘察。

（7）地下室和人井内如有积水，必须先抽干再勘察；抽水时必须使用绝缘性能良好的水泵，若使用油机排水泵抽水，排气管不得靠近孔口，应放在人井外的下风处。下井人员必须戴好安全帽，穿防水绝缘裤和绝缘胶靴。

（8）启闭人井盖应用钥匙，防止受伤。开启孔盖前，人井周围应设置明显的安全警示标志和围栏，勘察完毕，确认孔盖盖好后再撤除。在井内勘察时，井外应有专人看守，随时观察井内人员情况。

（9）雨、雪天勘察应注意防滑，人井周围可用沙土或草包铺垫。勘察时若遇暴风雨，应立即停止勘察，并盖好井盖后离开。

（10）在地下室和人井内需要照明时，必须使用行灯或带有空气开关的防爆灯。

（11）上、下人井时必须使用梯子，放置牢固，不准把梯子搭在孔内线缆上，严禁勘

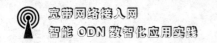

察人员蹬踏线缆或线缆托架。

6）电力线附近勘察安全

（1）在勘察过程中遇有不明用途的线缆，一律按电力线处理，不准随意剪断。

（2）在高压线下方或附近进行勘察时，勘察人员的身体（含超出身体以外的金属工具或物件）距高压线及电力设施最小间距应保持：1～35 kV 的线路为 2.5 米；35 kV 以上的线路为 4 米。

（3）上杆勘察前，应检查架空线缆，确认其不与电力线接触后，方可上杆；上杆后，先用试电笔对吊线及附属设施进行验电，确认不带电后再勘察。

（4）在电信线、电力线、有线电视线和广播线混用的杆上勘察时，严禁触碰杆上的电力线、有线电视线和广播线及变压器、放大器等设备。

（5）当电信线与电力线接触或电力线落在地上时，必须立即停止勘察作业，保护现场，禁止行人进入危险地带；不准用导电物体触动钢绞线或电力线；事故未排除前，禁止恢复勘察作业。

（6）勘察现场临时用电必须使用带有漏电保护装置的电源接线盘，在供电部门或用户同意下指派具有相应资质的专人接线；使用的导线、工具必须保证绝缘良好。

2.2.2.4.2　线路勘察注意事项

（1）线路勘察时应注意园区内原有线缆的走线方式，现场选择方案时应考虑美观、安全、防强电入侵，避免与强电同管或同槽敷设，当选择管道敷设光缆而又无该运营商管道或现有管道资源不足时，应优先选择小区智能化管道，次选雨水管，尽量不要选择污水管穿放光缆。

（2）箱体安装位置的选择应尽量靠近原开发商预埋线缆的汇聚点附近，安装箱体时应避免选择过道等影响行人通过的墙面，对于电源线及接地线的走线路由应在现场确认，并绘制走线路由图。对于需采用明管暗线方式新敷设入户线缆的，箱体应选择半层休息平台的墙角处，箱体下沿距地面 2 米。

（3）具有设备间或弱电间的高层住宅、商务楼宇，应优先选择设备间或弱电井内安装箱体；当设备间或弱电井内无法安装或箱体安装后无法进行日后维护时，应选择弱电井或设备间门上的空间进行安装，箱体下沿距地面 2 米。

（4）进楼管、箱体接电接地应确定暗管是否具备，应避免与光电缆同管，光电缆进楼管应满足本次工程需要并具有维护余量。

（5）上杆勘察前应做到"三检、二禁"：检查电杆是否安全、有无断裂痕迹；检查拉线是否松脱；检查脚扣、脚扣带是否完好；禁止上有断裂痕迹的电杆；禁止上未填土夯实的电杆。

（6）在杆上勘察必须做到"一系、一检、五不准"：系好安全带，检查吊线是否有漏电现象，不准站在角心内勘察；不准将脚扣挂在杆上或吊线上；不准杆下有人；不准在同一根杆上两人上下勘察；不准在空中抛传器材、工具。

（7）设计人员应当根据现场勘察情况，提出保障施工作业人员安全和预防生产安全事故所必要的建议措施。对于现场情况不符合规范要求的，应及时向客户反映，并在工程设计图纸或说明中标注及详细说明。

（8）机房勘察时应佩戴机房出入许可证，遵守机房管理规定，进入无人值守机房时应提前借取机房钥匙并做好登记，使用完毕后在规定时间内归还，进入机房自觉填写机房出入登记表。

（9）勘察机房走线时应重点查看设备原有线缆走线路由，尽可能保证交流线与直流线分开敷设，电源线与信号线分开敷设，并各自采用专用的走线架（槽、管道）布放（难以分开的加防护套管）。

（10）设备勘察时严禁拨弄设备端口线缆。

（11）正确使用机房的照明装置，离开时关闭照明电源。

（12）在客户端设备勘察时，设备安装选址应选择在客户设备附近或客户线缆汇聚点附近，根据箱体汇聚住户数确定初期设备容量配置（初期容量应在箱体汇聚住户数的30%～50%），在设备选型上应遵循与 OLT 设备同一厂家的标准。

（13）改造场景下应根据现有用户数确定设备容量。

（14）扩容场景时应确定现有设备容量、规格、型号（一体化设备或模块化设备），根据箱体可最大安装设备台数进行设备扩容选型，选择同一厂家的设备，确保箱体内安装的最终设备容量满足汇聚用户的业务需求。

（15）FTTN（光纤到邻里）箱体位置选择需考虑以下八方面。

①要便于光缆和电缆的布放。

②尽量靠近交接箱。

③安装点要有足够的空间做水泥墩，水平空间要能容得下水泥墩占地空间，垂直空间要能容得下水泥墩和地基。

④FTTN 箱需要前后维护，不能靠墙或其他物体太近；信息箱的前后门需至少留有1 000 毫米的空间。

⑤FTTN 箱避免上方或附近有高压电。

⑥FTTN 箱位置不能妨碍交通。

⑦FTTN 箱不能安装在沼泽或其他比较松散潮湿的地面上。

⑧FTTN 箱在地势较低处要考虑防浸水。

（16）FTTN 箱位置变更。

交接箱改造中有的是一个 FTTN 箱连接一个交接箱，有的是一个 FTTN 箱连接多个交接箱。对于一个 FTTN 箱连接多个交接箱的，交接箱改造方案会指定 FTTN 箱选在其中某个交接箱附近，如果原指定交接箱附近不具备 FTTN 箱安装条件，可考虑将 FTTN 箱安装在其他交接箱附近，更改后避免联络电缆超过 300 米，出施工图前应与建设方确认。

（17）防雷及外电引入。具体如下：

①室外箱的接地防雷是在信息箱水泥墩下方做 2.5 米深的地极角钢，勘察应注意所选位置下方是否允许开挖下钻约 3 米。

②室内箱的防雷接地在客户现有的地线排引接，若客户不能提供接地则一般不考虑接地。

③室内箱外电引入分私电和公电两种，勘察时询问客户是否能提供私电接入，如能提供则需勘察引电路由并安装电表，采用公电接入的需勘察引入路由、电表箱内是否有空位加装电表（电表无须运营商提供）。

（18）FTTH 勘察注意事项：

①遵守客户、业主及总包商的机房及建筑物内、外勘察安全规定，不能随意操作客户设备，不能影响设备正常运行，确保绝不出现任何网络安全事故。需要拍照的情况，应事先与客户做好沟通，得到许可。

②勘察前请仔细阅读本项目涉及的强制性规范相关条目的要求。

③勘察前应了解当地的地理环境、风土人情，避免引起误会。

④注意行车安全。注意人身和财产安全，注意检查是否带齐需要的安全设施（例如反光衣、安全帽、照明设备、手机等），注意检查安全设施是否有损坏，是否有充足的电池。

⑤勘察现场很可能还在施工，现场条件恶劣。可能会有铁钉、积水、孔洞，有建筑杂物坠落等危险。去这类现场一般应与建筑物建设方或者施工方、监理方联系，安排熟悉现场情况的人员带路。进入建筑工地，必须戴安全帽和带手电，穿厚的防水胶底鞋，保持手机畅通。

⑥天气因素：在雷雨季节室外勘察要携带雨具，注意防雷击。注意暴雨、水浸警告，在暴雨警告期间避免勘察，避免前往水浸区域。天气炎热要注意防暑、防蚊虫叮咬。

⑦地理环境及重要设施：光缆勘察可能会在公路上、铁路边、河流旁等，勘察过程中请注意躲避车辆；也可能遇到重要光缆、重要设施、高压线等，应注意安全，与高压线保持距离，不能损坏重要设施。

⑧地下室、人孔勘察：需要两人及以上共同勘察。勘察时要注意避开有毒气体等，打开人井盖后要通风一段时间才能开始勘察。下人井时需要使用梯子，注意梯子不可压住电缆、光缆，人不能踩踏电缆、光缆。感觉不舒服时，要立即上来。在地面勘察发现井内积水较深或存在其他危险因素时，不要下人井勘察。

⑨打开及盖回人（手）孔井盖时应特别小心，需两人默契配合。避免井盖掉落在人（手）孔内砸断光电缆，引起网络中断事故。打开的井盖应放置在平稳的地方。注意周边车辆。必须在勘察完人（手）孔内部情况后，将人（手）孔井盖盖回原位。

2.2.2.4.3 设备勘察注意事项

勘察工作是工程设计的基础，在勘察时，除了要广泛地搜集资料，细心地记录现场的点点滴滴外，还需要注意以下几个方面：

（1）对于建设单位提出的超出任务书范围的要求，应立即向部门主管或项目总负责人进行汇报，不能随便答应建设单位的要求。

（2）对于一些未能取得统一看法的问题，应与建设单位进行协商，广泛征求意见，把问题尽快在编制设计文本前解决。

（3）对于勘察中发现的问题，应及时和建设单位进行沟通，并从设计角度提出解决方法。

（4）勘察结束后，一定要向建设单位汇报勘察的情况，并请其在勘察报告上签字确认。

（5）机房内严禁明火、抽烟，拔插线缆。如机房内有活动地板，行走时需小心谨慎，避免踏空摔倒。

（6）勘察人员在勘察作业时，须严格遵守当地的机房安全管理规范和办法，严格执行操作规程，采取措施保证各类管线、设备、设施和建筑物、构筑物的安全。

（7）勘察人员进行现场勘察时需要小心谨慎，避免触动到设备的电源接口和通信接头，不能采用拽拉线缆等危险动作，避免造成通信中断的重大事故。

（8）设计勘察人员在现场勘察时若发现机房存在安全隐患或有不符合国家和本行业安全规定的，应及时向建设单位反映并在设计中提出整改建议。

（9）设计勘察人员在对工程所需的电力系统进行勘察时，为保证安全，需要对系统内各层级的容量使用情况进行全面勘测和调查。

（10）设计勘察人员在制定电源割接等割接方案时，须与相关机房维护人员、建设单位主管人员充分沟通以取得多方建议和允许，增加方案的可靠性和可实施性。

2.2.2.5 勘察纪要整理与会签

（1）勘察完成后应对所获取的资料进行整理和汇总，对遗漏事项及时补充和完善。

（2）勘察纪要应详细和准确。对于双方有意见分歧的地方，应给予充分表述，并明确描述设计方的推荐方案并给予详细说明。

（3）勘察纪要应明确说明勘察时间、参与人员、勘察内容，勘察纪要应有参与勘察的各方的签字。

（4）完成勘察纪要后视项目的大小、是否为重点项目等分别向建设单位项目管理员或建设部门领导等汇报，并会签纪要。

2.2.3 宽带网络工程设计

宽带网络工程设计文件的编制，必须符合国家有关法律法规和现行最新工程建设标准规范的要求，其中国家工程建设强制性标准必须严格执行。在设计中应因地制宜，正确选用国家、行业和地方标准，并在设计文件的图纸目录或施工图设计说明中注明所应用图集

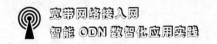

的名称。当设计合同对设计文件编制深度另有要求时，设计文件编制深度应同时满足本手册和设计合同专有性的要求。

2.2.3.1 设计说明

2.2.3.1.1 概述

简要介绍工程项目背景、建设目的、建设内容、项目名称、设计文件编制情况和设计阶段。

1）工程概况

主要从国家宏观政策、行业态势及企业战略等方面分析项目的建设原因。

从接入方式、覆盖住户数、新增端口、新增分光器、分路／分纤箱及光交箱数量、新建光缆线路规模等方面简述工程建设规模。

简要介绍工程建成后所要达到的效果。

2）设计依据

列举工程项目的主要设计依据，引用的标准、规范应为最新且有效的，应包含但不局限于以下内容：

（1）建设单位的设计委托函。

（2）建设单位各级部门下发的与工程相关的文件、资料、历次会议精神。

（3）设计单位工程技术人员现场查勘的资料。

（4）工信部等各部委关于通信线路建设有关规范和要求（规范若有更新，执行新版本，老规范自动废止）。

（5）工信部等各部委关于安全生产、节能环保、抗震设防、防雷接地、消防防火等有关规范和要求。

（6）甲方提供的与本项目相关的会审纪要、测试资料和其他工程资料。

（7）工信部、各运营商等关于网络与信息安全的有关规范和要求。

（8）严格按照工程建设强制性标准进行设计，并应对相关的强制性标准的名称和条文进行说明。说明中以黑体字标注的条文为强制性条文，必须严格执行。工程中采用的电信设备必须取得工业和信息化部"电信设备进网许可证"（《宽带光纤接入工程设计规范》YD 5206—2011 第 1.0.5 条）。

3）设计内容、设计范围及设计分工

设计内容：阐述设计包含的内容，一般包括需要完成的工程主体和各部分的内容，技术指标，施工安装要求，障碍处理，新增线路的维护考虑等。

设计范围：设计所负责的工程范围，主要为和其他工程项目的划分，尤其是关系较为紧密的项目之间的界线。

设计分工：着重阐明线路专业与其他专业之间的分工界面，一般有传输设备专业、无线专业、数据专业、电源专业、交换专业等的分工；需阐明设计单位、建设单位、施工单位、设备供应商之间的分工界面。

4）主要工程量

简要介绍项目所需人工工日，用表格的形式列举出主要的工作量。若项目包含多个单位工程，可以分别列举，主要工作量统计表如表 2-1 所示。

表 2-1　主要工作量统计表

序号	定额编号	项目名称	单位	数量

5）线路技术经济指标

介绍项目总投资和单位投资，技术经济指标如表 2-2 所示。

表 2-2　工程预算总投资及单位造价

序号	项目	单位	指标
1	工程总投资	元	
2	工程规模	皮长公里	
		纤芯公里	
		住户数	
		光端口数	
3	单位造价	元 / 纤芯公里（含 ONU 箱体）	
		元 / 户	
		元 / 端口	

分析各项费用，标明各项费用的合理取值范围，若项目指标异常，应重点分析异常值原因。

6）设计文件组成

若文件分册多于一册时，需说明文件分册情况，包括文件分册号、文件名称。

7）维护考虑

对项目建成后的维护方式、维护管理体制等方面进行简要介绍。

8）工程使用年限及业务满足期限

工程的业务满足期限、光缆线路及设备的合理使用年限等必须明确。

2.2.3.1.2　业务需求分析

分析建设本期工程的业务需求，也就是阐述为何要新建本期工程的原因，具体对业务需求的分析可以从以下几个方面阐述：①满足通信能力的需要；②提升网络安全；③优化调整网络结构；等等。

2.2.3.1.3　网络现状分析

从本地城镇、乡镇及农村覆盖住户数、覆盖率、行政村覆盖率等几个方面阐述本地家庭宽带网络建设情况。

2.2.3.1.4　建设原则

结合网络实际情况，从通信网"完整性、统一性、先进性和经济、高效、安全"的基本原则出发，提出项目具体建设原则。一般包括以下几大类：

（1）ODN 光缆网络组织架构的原则。

（2）ODN 光缆路由选取原则。

（3）ODN 光缆容量选取原则。

（4）光分路器选取原则。

（5）光缆接头及箱体位置确定原则，接头类型及箱体类型选用原则。

（6）光缆纤芯配置原则，光缆成端方式选用原则。

（7）光交设置原则。

（8）设备及电信间设置原则。

（9）室内配线设备设置原则。

（10）入户光缆敷设原则。

2.2.3.1.5　建设方案

1）网络建设方案

按照 FTTH 网络详细描述配置光分路器的思路以及配线光缆子系统、引入光缆子系统、用户光缆子系统设置方案（需要详述）。

A. ODN 传输链路方案

描述分光模式、上联口（PON 口）归属局，以及利旧、新建光缆的跳纤路由。

B. 配线建设方案

详细叙述布放配线光缆纤芯、路由等方案。

2）ODN 全程衰减核算

ODN 的光功率衰减与 OBD（分光路器）的分路比、活动连接数量、光缆线路长度等有关，设计时必须控制 ODN 中最大的衰减值，使其符合系统设备 OLT 和 ONU PON 口的光功率预算要求。

3）光缆线路路由方案

A. 路由选择原则

工程设计的路由选择遵循短捷、安全、稳定的原则，易于施工和维护。

B. 光缆线路总体路由

概括描述光缆的路由及敷设方式，具体光缆路由可参见各段落施工图纸。

4）光缆敷设要求

根据工程实际需要，介绍与工程相关的安装技术要求：

（1）光缆线路敷设的一般要求。

（2）管道光缆敷设的一般要求。

（3）架空光缆敷设的一般要求。

（4）蝶形引入光缆敷设的一般要求。

（5）线缆及连接器选择的一般要求。

5）ODN 主要器件选用和技术标准

A. 光缆光纤的选择要求（根据设计内容选择使用）

a. 光纤类型

①光缆中光纤宜采用 G.652D 单模光纤。

②当需要抗微弯光纤光缆时，宜采用 G.657A 光纤。

b. 光缆结构（根据工程中实际选用光缆类型编写）

①室外用光缆应根据线路路由的实际环境条件，可采用直埋、管道、架空、路面微槽或架空微型自承式等敷设方式。

②室内用光缆根据实际应用场景，主要分为垂直布线、水平布线的敷设方式。

③入户光缆根据引入点设置位置的不同，可采用架空入户、管道入户或室内布线入户等敷设方式，根据工程条件选用不同敷设方式。

B. 光分路器

工程选用的光分路器技术指标要符合其光学特性要求。

6）ODN 主要光节点内光缆连接方式的选择

工程涉及的光节点有主干光交接箱（路边光交接箱）、小区光配线箱、单元光分纤箱和户内光纤信息插座：

（1）光交接箱、光配线箱内光缆的连接方式。

（2）光分纤箱内引入光缆与蝶形引入光缆的连接方式。

（3）综合信息箱或者光纤插座盒内蝶形引入光缆的端接方式。

（4）光缆接头盒、光缆、光纤接续方法及要求。

7）ODF 架的安装要求

描述 ODF 架的安装要求，包含以下内容：

（1）ODF 架的安装施工要求。

（2）ODF 架的线缆布放、熔接、预留等要求。

（3）ODF 架防雷接地、保护地线应符合的要求。

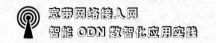

8）光缆交接箱的安装要求

描述光缆交接箱安装位置、安装施工、线缆布放、防雷接地、保护地线等要求。

9）光分路器的安装要求

描述光分路器的类型、安装要求等。

10）分光分纤箱和光分纤箱的安装要求

描述工程选用的分光分纤箱和光分纤箱的安装位置、安装施工、线缆布放、防雷接地等要求。

11）光纤插座盒安装要求

描述工程选用的光纤插座盒安装要求。

2.2.3.1.6　光缆线路防护要求

描述光电缆的防护措施如下：

1）光缆线路防强电的要求

应符合《通信线路工程设计规范》（GB 51158—2015）、《架空光（电）缆通信杆路工程设计规范》（YD 5148—2007）等相关规范的要求。

2）光缆线路防雷接地的要求

应符合《通信线路工程设计规范》（GB 51158—2015）、《架空光（电）缆通信杆路工程设计规范》（YD 5148—2007）等规范的要求。

3）配线设备接地的要求

应符合《通信局（站）防雷与接地工程设计规范》（GB 50689—2011）等规范的要求。涉及交、直流电源线或保护地线的，应明确交、直流电源线和保护地线各个线芯的色别，尤其要注明直流电源线正极为红色电缆，负极为蓝色电缆，接地线为黄绿双色电缆。应说明机柜内保护地线布线方案与工艺要求，要求设备子架接地线应与机架接地端子可靠连接。

4）光缆线路及设备的抗震设防要求

应符合《通信建筑抗震设防分类标准》（YD/T 5054—2019）、《电信设备安装抗震设计规范》（YD 5059—2005）、《电信机房铁架安装设计标准》（YD/T 5026—2021）的要求。

5）防火要求

应符合相关规范的要求。应明确交、直流电源线和保护地线防火性能要求。

6）网络与信息安全注意事项

应符合相关法律法规、标准规范等的要求。

7）防潮、防蚀，防鼠，防高温及防热胀冷缩等

应符合相关规范的要求。

2.2.3.1.7　通信建设工程安全生产操作规范

安全生产要求与措施应独立成章节且内容完整，需符合《通信建设工程安全生产操作规范》（YD 5201—2014）的要求，尤其应对项目涉及施工安全的重点部位和环节予以注

明。主要要求包括通信线路工程要求（如工程中存在新建管道，还需增加新建管道工程安全生产要求）、安全施工基本要求、施工消防安全要求、施工用电安全要求、施工行为安全要求、施工监理安全要求等。

2.2.3.1.8　环境保护要求

分析项目对环境可能造成的破坏及施工后对现场的环境恢复要求。

2.2.3.1.9　维护人员、备品备件、仪表和工器具配置

根据工信部等的相关规范，或甲方相关文件要求，阐明项目需要配备的维护人员、备品备件、仪器仪表及其他工器具的配置数量，囤放地或办公地点。

2.2.3.1.10　需要说明的有关问题

1）安全注意事项

说明工程施工过程中存在的安全隐患，明确安全注意事项。

2）其他注意事项

补充说明项目中需要注意的其他问题，包括未尽事宜，特别需要注意防护的地方，需要提前准备的手续等。

2.2.3.2　预算

2.2.3.2.1　预算编制说明

1）概述

简要介绍项目工程各项费用，预算总投资、设备费、建安费、工程建设其他费等。可对各项费用占比进行分析，并与工程常规值作对比，若有异常，应作分析。

2）预算编制依据

应列出作为预算编制依据的相关文件，要求每一项依据均须列出文件号、日期、文件全名、发文单位等。应包含但不局限于以下内容：

（1）工信部通信〔2016〕451 号文：《工业和信息化部关于印发信息通信建设工程预算定额、工程费用定额及工程概预算编制规程的通知》及相关信息通信建设工程预算定额各分册。

（2）工业和信息化部文件（中心造〔2016〕08 号）：《关于营业税改增值税后通信建设工程定额相关内容调整的说明》。

（3）国家相关部门颁布的关于设计费、监理费等费用的取费标准和要求。

（4）建设单位相关部门关于工程概算编制取费标准的相关文件。

（5）国家相关部门颁布的关于工程税费取费要求。

3）有关单价、费率及费用的确定

详细介绍工程预算中各项费用的取费计算方法、取费值、取费费率等，尤其是工程中不同于常规情况的特殊值。不管是说明还是预算表格中，不能出现产品供应商名称。

各项取费主要有人工单价、材料费率、保险费、施工机械和人员调遣费、建设单位管

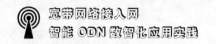
理费、设计费、监理费、安全生产费及赔补费等费用。

注意：安全生产费应严格按照工通信函〔2023〕9号《关于转发财政部、应急部〈企业安全生产费用提取和使用管理办法〉的通知》中的规定，按建筑安装工程费的2%计取，不得以打折后的建安费作为计算基础。安全生产费应足额计列，严禁打折或变相打折。

2.2.3.2.2　预算表

（1）预算总表（表一）。

（2）建筑安装工程费用预算表（表二）。

（3）建筑安装工程量预算表（表三）甲。

（4）建筑安装工程施工仪器仪表使用费预算表（表三）乙。

（5）建筑安装工程施工机械使用费预算表（表三）丙。

（6）器材预算表（表四）甲（国内需要安装设备表）。

（7）器材预算表（表四）甲（国内主要材料表）。

（8）工程建设其他费用预算表（表五）甲。

2.2.3.3　图纸

应主要包含以下几种类型的图纸：

1）FTTH 光缆链路图

应反映小区光交上联至 OLT 的全程链路情况，并计算全程链路衰耗，分析能否满足业务开通需求。应在图中注明各节点名称、各中继段长度、分光器型号、设置位置等信息。

2）接入主干光缆路由及施工图

图中应反映工程新建接入主干光缆的局站设置（含光交节点等），路由选择、敷设方式及各中继段段长等信息。图纸中应对需要安全重点防护部分进行说明。

3）配线光缆路由及施工图

图中应反映工程新建接入配线光缆的局站设置（含光交节点等），路由选择、敷设方式及各中继段段长等信息。图纸中应对需要安全重点防护部分进行说明。

4）用户引入光缆施工图（新建小区）

图中应反映工程新建用户引入光缆的局站设置（含分纤箱、分光分纤箱等），路由选择、敷设方式等信息。图纸中应对需要安全重点防护部分进行说明。

5）光交端子分配图

光交的面板布置图，需注明面板端子型号、使用及成端纤芯的纤序。

6）机房平面图

机房内走线路由、敷设、保护方式，线缆长度，ODF 机架的位置、新增、利旧情况；若为新增，需注明接地线型号、路由、地排位置、地排端子使用情况。机架布置图应说明机柜内保护地线布线方案与工艺要求，要求设备子架接地线应与机架接地端子可靠连接。机架加固图应符合《电信设备安装抗震设计规范》（YD 5059—2005）的要求，并具有可实施性。

7）ODF、光交、机柜、分光分纤箱 / 分纤箱接地安装示意图

对于新增 ODF、光缆交接箱、机柜、分光分纤箱 / 分纤箱等终端设备应按图示地线位置安装，并标明电缆程式、色别与截面积。

8）光电缆各种定型图

光缆进站封堵和保护、光缆接头在人孔中的安装方式、拉线制作要求等。

2.3　宽带网络项目施工

2.3.1　施工前准备

（1）施工前进行设备、线缆和部件的检查时，施工单位会同监理、发包商代表进行现场检查、并做好记录。

（2）依据设计对设备、线缆和部件进行外观检查，并核对规格、型号，清点数量，收集并核对产品质量合格证及厂方提交的产品测试记录，如发现异常应重点检查，无产品合格证、出厂检验证明材料、质量文件或与设计文件不符的设备、线缆和部件不得在工程中使用。

（3）经检验的设备、线路、部件等应做好记录，不合格的应单独存放，以备核查和处理。

（4）检查工程施工所需的工机具、仪器仪表的准备情况，确保齐全可用，计量准确。

（5）应对建筑条件、环境条件、供电条件、配套设备及附属设施条件等进行现场检查。

2.3.2　光缆线路终端（OLT）的安装

2.3.2.1　设备安装流程

（1）OLT 设备安装包括：机架及子框的安装、电源线敷设至供电设备端子、地线敷设至接地排、上联线缆敷设至上联设备侧的业务端口、OLT 设备加电及测试。

（2）OLT 设备的安装流程按工序可分为安装前准备、开箱检验、机架安装、线缆敷设、OLT 设备加电、OLT 设备测试等（图 2-25）。

图 2-25　OLT 设备安装流程图

2.3.2.2　安装前准备

（1）施工各项技术文件及安全文件。

（2）施工资源配置，包括人力资源、机械材料资源、仪器仪表资源等。

（3）设备安装环境确认。

非新建机房设备安装环境应检查并确认如下内容：

①新 OLT 机架的安装位置、净空高度、机架前后开门所需的宽度等，应能满足设备开通后维护人员正常维护操作距离的要求。

②机房供电系统应能满足新增 OLT 设备的负荷要求，空闲的空开或保险端子应能满足新增 OLT 设备电源线的接入要求。

③地线系统的空闲端子应能满足 OLT 设备的地线引入成端需求。

④ ODF 架的空闲纤芯端口应能满足 OLT 设备的跳纤需求。

新建机房设备安装环境应检查并确认如下内容：

①机房装修已按设计要求完成。

②交流电源引入、机房照明、直流供电系统等已按设计完成。

③机房走线架、ODF 架及光缆、消防系统已按设计安装完毕。

④已按设计完成综合接地系统的安装，接地电阻值应符合设计要求。

2.3.2.3　开箱检验

设备开箱检查应符合以下要求：

（1）设备开箱验货应由发包商或监理方代表、施工方代表和设备厂商代表一起参加。

（2）为防止远距离搬运时损伤设备漆面，应在开箱前将设备搬运至机房或离机房最近的空旷场所。

接收设备签字应符合下列要求：

（1）设备开箱后，各方代表应对实际清点的到货情况予以签字确认。

（2）当设备到货结果与装箱清单、设备配置表、设计文件一致，且无质量问题时，施工单位予以接收并签字确认。否则，施工单位不予接收，并按相关程序或规定处理。

（3）当出现下列情形之一时，施工单位按规定报相关部门处理。

①在检查设备外包装时，发现与实际不符等现象。

②在开箱检查设备时，发现设备外观有异常现象。

③在清点设备板件时，发现设备板件、线缆等实际到货与装箱清单或设备配置文件不一致，以及板件受损。

2.3.2.4 机架安装

第一，机架安装可分为 10 道工序，见图 2-26。

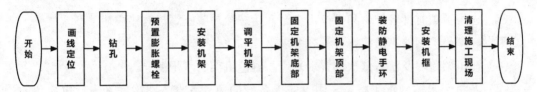

图 2-26 机架安装流程图

第二，画线定位方法应符合下列要求：

（1）依据工程设计图纸，在机房确定机架安放的行列架位。

（2）在地面上画出架列的前沿线和后沿线。

（3）根据机架底座及 4 个安装孔的尺寸，画出机架外轮廓线以及 4 个安装孔的位置。

第三，钻孔操作应符合下列要求：

（1）根据画线所定的安装孔位置，用样冲的冲尖对准画线交叉点，扶直样冲，用榔头敲击样冲上端，在孔位上凿一个凹坑。

（2）孔中心处的冲眼应打得深些，以便钻孔时钻头容易对准画线交叉点。

（3）选定合适的水泥钻头型号，在安装孔标记处打孔。

（4）打孔时双手紧握钻柄，保持冲击电钻钻头与地面垂直；不得摇晃以免出现斜孔或破坏地面。

（5）在打孔时及打孔后，用吸尘器吸净钻头排出的灰尘。

（6）测量孔的间距和各孔的深度，确保孔间距及孔深符合安装尺寸要求。

第四，预置膨胀螺栓的操作应符合下列要求：

（1）按设计选用膨胀螺栓，将膨胀螺栓垂直放入打好的安装孔中。

（2）用榔头均匀用力将膨胀螺栓打入安装孔中，使膨胀套管全部进入孔内，直至平垫片紧贴地面。

（3）膨胀套管不得高出地面，以免影响下一道工序机架的安装。

（4）用扳手顺时针旋紧六角螺栓，使膨胀套管完全胀开，紧贴安装孔内壁。

（5）逆时针拧松六角螺栓，取出六角螺栓和平垫片。

第五，安置机架的方法应符合下列要求：

（1）打开机架前门上的门锁并将门打开，拆除安装在机架前门上的接地线，接地线的另一端保留在机架之上。

（2）拉下机架门上面的门轴销，使上门轴完全脱离顶楣门轴孔。

（3）将机架门上部往外移动，直至机架门上部全部离开机架顶楣。

（4）上抬机架门，使下门轴脱离底门轴孔，移走机架门。

（5）将机架移至预先规划好的画线位置，对齐地面机架外轮廓线，使机架安装孔与地面膨胀螺栓孔重合。

（6）在机架安装孔上依次摆放绝缘垫圈、平垫片、弹簧垫圈，将六角螺栓穿过弹簧垫圈、平垫片、绝缘垫圈，插入膨胀套管。

（7）先用手顺时针轻拧六角螺栓，直至六角螺栓与膨胀螺母对接成功。

第六，调平机架的方法应符合下列要求：

（1）在机架前后及左右依次放置水平尺，测量机架的水平情况。

（2）若机架未达到水平状态，用事先准备好的薄铁片塞入机架底部靠近机架角的边下，直到机架达到水平状态。

（3）使用吊线锤来检测机架的垂直度，偏差控制在机架的高度以内。

第七，固定机架底部的操作应符合下列要求：

（1）机架调平完毕后，对机架底部的膨胀螺栓进行紧固。

（2）在紧固膨胀螺栓之前，检查绝缘垫圈、平垫片、弹簧垫圈、六角螺栓是否连接正常。

（3）用扳手紧固六角螺栓时，应按对角线的顺序依次拧紧螺栓。

第八，固定机架顶部的操作应符合下列要求：

（1）机架顶部与列槽道、走线架之间的固定使用 L 形连接铁，机顶部应安装两个 L 形连接铁。

（2）将 L 形连接铁放置在机架顶端合适的位置，依次在 L 形连接铁的孔眼上放置平垫片、弹簧垫圈，用六角螺栓将 L 形连接铁固定在机架顶端。

（3）利用 L 形连接铁及其配套的夹板将列槽道、走线架夹住，拧紧六角螺栓，将 L 形连接铁与列槽道、走线架之间固定。

第九，正确安装静电手环。

第十，安装机框的方法应符合下列要求：

（1）清理机架内部安装机框的区域，检查此区域内机框电源线、机框保护地线是否预留正常，将机架内线缆理顺至机架内两侧的走线区内。

（2）拆开 OLT 机框的所有包装，放置在机架旁边的空闲位置。

（3）准备好十字螺丝刀，组合螺丝，卡簧螺母，防静电手环。

（4）确定 OLT 机框的安装位置，依次定位托板槽在机架两侧的安装位置，然后将左右两托板槽安装在机架两边的内侧立柱上。

（5）依据 OLT 机框的安装孔位置，在机架两侧立柱上安装卡簧螺母。

（6）将 OLT 机框放置在机架内左右托板槽中，然后轻推到安装位置上。

（7）将 OLT 机框左右两边的安装孔和装在机架立柱上的卡簧螺母口对齐。

（8）用十字螺丝刀将组合螺丝沿顺时针方向拧入卡簧螺母口，依次完成机框两侧所有组合螺丝的拧紧固定。

第十一，清理施工现场应符合下列要求：

（1）完成机架及机框的安装后，清理余下附件、线缆及单板（机盘）等并归类存放。

（2）清扫施工现场，将垃圾清运到垃圾存放站。

2.3.2.5 线缆敷设

第一，OLT 设备线缆的布放，包括电源线、跳纤、以太网线等线缆的布放（图 2-27）。

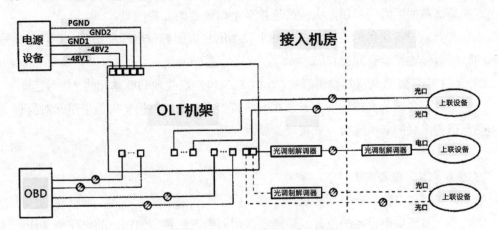

图 2-27 OLT 设备线缆布放示意图

第二，机架电源线及保护地线布放连接方法应符合下列要求：

（1）电源线、工作地线、保护地线的颜色应符合规范要求，如：蓝色线为 -48V 直流电源线，红色线（采用黑色线时用红色标识）为工作地线，黄绿双色线为保护地线。

（2）机架外接电源线及保护地线用于连接 PDP 单元与机房电源，将外部 -48V 直流电源、工作地线、保护地线引入机架之中。

（3）布放电源线及地线前，先写好临时标签，贴在要布放的电源线及地线的两端。然后从工作地及保护地的接线端子处开始，沿机房槽道、走线架等路由将电源线及地线布放至 OLT 机架的 PDP 单元。

（4）电源线及地线应从机架的进（出）口穿入机架，若是上走线则由机架顶部的进（出）线口穿入机架，若是下走线则由机架底部的进（出）线口穿入机架。

（5）电源线及地线布放到位后，首先将 OLT 侧成端连接，然后沿线缆路由从 OLT 侧至 -48V 直流电源，工作地线及保护地线的接线端子处将线缆捆扎在槽道、走线架笆的固定横挡或固定桩上。

（6）通信机房只能提供一组 -48V 电源，则将 OLT 机架的 -48V1 和 -48V2、GND（电线接地端）1 和 GND2 分别并联使用。

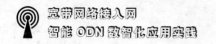

第三，数据上联跳纤方法应符合下列要求：

（1）若 OLT 设备与上联设备在同一机房时，OLT 设备数据上联口和上联设备端口之间采用跳纤直连或按设计要求连接。

（2）若 OLT 设备与上联设备不在同一机房时，OLT 设备数据上联口和上联设备端口两边均使用跳纤接至 ODF 架，由 ODF 架及联络光缆完成对接。

第四，语音上联连接方法应符合下列要求：

（1）OLT 设备语音上联口（百兆电口）通过以太网线连接到 OLT 设备侧的光调制解调器以太网口，由光调制解调器的光口通过跳纤连接至上联设备侧的光调制解调器，然后再由光调制解调器的以太网口用以太网线连接至上联设备的百兆电口。

（2）若上联设备提供的百兆光口与 OLT 设备侧光调制解调器匹配连接，则可将上联设备侧的跳纤直接连接至百兆光口。

（3）OLT 设备侧的光调制解调器装在 OLT 机架内，取架顶 PDP 单元的 -48V 电源。

（4）上联设备侧的光调制解调器装在网络机架内，由网络机架内供电单元对其供电。

（5）语音上联的其他连接方式按设计要求实施。

2.3.2.6　OLT 设备加电

第一，机架加电应符合下列要求：

（1）合上直流供电设备的空开或熔断器，用万用表测量它们输出的电压值并作记录。

（2）用万用表测量 OLT 机架 PDP 单元上电源引入端 "-48V1" 和 "GND1"、"-48V2" 和 "GND2" 的电压值并作记录。

（3）测量直流供电设备侧的电压值范围应在 "-40V ～ -57V"，测量 OLT 机架侧的电压值也应在此范围之间。

（4）通过两端测量值对比，其差值就是电源线的压降。电源线压降应符合设计要求。

第二，机框加电应符合下列要求：

（1）将机框电源线主备插头分别拔出，使之处于腾空状态。

（2）将 OLT 机架 PDP 单元前面板上的分路开关置于 ON 侧。

（3）分别测量主备插头两极端子之间的电压，所测电压值应在 "-40V ～ -57V"。

（4）将 OLT 机架 PDP 单元前面板上的分路开关置于 OFF 侧。

（5）将机框电源线主备插头分别插入机框的主备电源接口。

（6）再次将 OLT 机架 PDP 单元前面板上的分路开关置于 ON 侧。

（7）观察机框加电情况，确认机框内无异响、异味等。

第三，单板（机盘）自检应符合下列要求：

（1）插入风扇单元，风扇单元运行后其周围应有空气流通。

（2）依次将主控板、业务板等插入机框板卡槽。

（3）依据设备厂商提供的技术资料，观察单板（机盘）上电运行情况。

（4）几分钟之后，观察各单板（机盘）的工作灯指示，是否为正常状态。

（5）用螺丝刀紧固单板（机盘）上下两端的螺丝，将单板（机盘）紧固。

2.3.2.7　OLT 设备测试

第一，在 PDP 单元前面板上关闭 OLT 机框的主用或者备用分路开关时，OLT 上产生电源故障告警。

第二，在网管上操作，将 OLT 机框的单板（机盘）设置为失效状态时，OLT 上产生单板（机盘）失效告警。

第三，可通过网管查看到 OLT 设备相应的告警情况。

第四，检查 OLT 设备的基本功能应符合下列要求：

（1）设备启动及上电加载完成后，可登录设备查看系统运行状态，确认设备应能正常运行。

（2）OLT 设备各类端口性能验证测试均合格。

（3）设备掉电重启后，用第 2 款的业务验证测试方法，PC（个人计算机）和 PC1 之间应能快速恢复正常通信。

（4）用人工拔出主控板（机盘）倒换或用命令使主控板（机盘）倒换，用第 2 款的业务验证测试方法，PC 和 PC1 之间应能快速恢复正常通信。倒换其他主备板（机盘）时，PC 和 PC1 之间应能正常通信。

（5）在第 2 款 OLT 设备业务测试场景中，带电拔出不连 ONU 的业务单板（机盘），确认 PC 和 PC1 之间通信应不受影响。插入已拔出的业务单板（机盘），登录 OLT 设备，可显示业务单板（机盘）能恢复正常工作。

（6）设备在运行状态下，登录 OLT 用命令使不连 ONU 的业务单板（机盘）复位后，显示业务单板（机盘）应能恢复正常。在复位的过程中，用第 2 款的业务验证测试方法，确认 PC 和 PC1 之间通信应不受影响。

（7）登录 OLT 设备，开启 PON 口的自动发现功能。在 PON 口下挂一个 ONU 设备，键入命令应能显示自动发现新接入的 ONU 设备，网管上有提示用户新发现 ONU 的相关信息。

第五，由发包商组织施工单位、设计单位、设备厂商和监理单位对设备进行验收测试，确认设备可入网试运行。

2.3.3　光缆交接箱基座的砌筑和光缆交接箱的安装

2.3.3.1　光缆交接箱基座的砌筑

第一，光缆交接箱基座应符合下列要求：

（1）安装位置应符合设计要求。应安装在地势较高、土质较硬的地方，安装完成后应不影响交通，且方便日后操作和维护。

（2）光缆交接箱基座的规格和尺寸应符合设计要求。若设计无特殊要求时，光缆交接箱基座外沿距光缆交接箱箱体应大于 150 毫米。基座坑内沿距基座各边应大于 150 毫米，基础坑深应符合设计要求，基座地面以上高度宜为 300 毫米。

（3）混凝土配比应符合设计要求。

（4）光缆交接箱基座内预埋管材的规格、数量应符合设计要求。在基座底部应采用弯头对接，并向上翘起，弯头的弯曲半径应不小于管外径的 10 倍，钢管敷设前应做防锈处理，进入光缆交接箱底座的预埋管管口应排列整齐、高低一致，管间距离宜为 10 毫米。

（5）光缆交接箱基座所有预埋的铁件应经热浸锌防锈处理，预埋位置正确，安装应牢固，预埋铁件安装后应保持水平，水平偏差应不大于 3 毫米。

（6）按设计要求制作接地装置，并在基座中间预留接地端子，当基座内用 2 根不小于 16 毫米的接地线时应用塑管保护。

（7）基座地面以上部分应按设计进行外表装饰。通常采用防腐、防酸的块状物（如瓷砖等）装饰基座外表面。若业主对外表装饰有其他要求时，则按业主要求或由业主自行装饰。

（8）基座进线孔应通过人（手）孔与管道连接，不得采用直通道方式连接（图 2-28）。

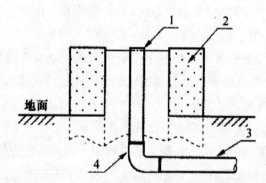

1. 基座内的预埋管材；2. 混凝土基座剖面；3. 与人手孔连接的管材；4. 弯头。

图 2-28　光缆交接箱基座进线孔示意图

第二，砌筑光缆交接箱基座应符合下列要求：

（1）按规定尺寸开挖基础坑，夯实基础坑土层，混凝土基础厚度应不小于 100 毫米。

（2）混凝土基础凝固后开始砌筑砖墙，同时按设计要求预埋管材、铁件及接地体。砌筑墙体时管材的管口应临时封堵，防止水泥等杂物掉入管内。

（3）砌筑砖墙时应保持砌体正直，砌体地面上高度应大于 300 毫米。

（4）砌筑工作完成后，用水泥砂浆对砌体进行内粉、外粉和找平，水泥砂浆的配比应符合设计要求。

（5）将光缆交接箱底座放置在基座上，将固定底座的螺栓预埋入砌体，待螺栓固定之后取下光缆交接箱底座。

（6）对基座上平面进行外粉，厚度不小于 15 毫米，基座上平面应水平（图 2-29）。

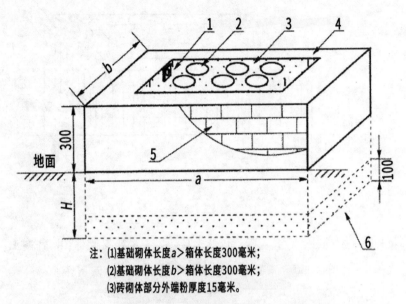

注：⑴基础砌体长度 a ＞ 箱体长度 300 毫米；
　　⑵基础砌体长度 b ＞ 箱体长度 300 毫米；
　　⑶砖砌体部分外端粉厚度 15 毫米。

1.接地体；2.引入管；3.混凝土；4.螺栓；5.砖砌体；6.混凝土基础。

图 2-29　光缆交接箱基座砌筑示意图

第三，混凝土浇筑光缆交接箱基座应符合下列要求：

（1）在混凝土浇筑光缆交接箱基座前，应测量光缆交接箱固定螺丝孔距和底座外围尺寸。

（2）浇筑模板尺寸应大于光缆交接箱底座外围尺寸 150 毫米。

（3）加强型的抗震基座，应按设计要求制作钢筋网和浇筑混凝土。在异地浇筑基座预制件时，基座的两端应各留一个孔洞，以便搬移。

（4）浇筑完混凝土待适当凝固后，将合适型号的螺栓按光缆交接箱固定孔距埋入基座内，其高度应与光缆交接箱固定螺孔相吻合。

（5）基座浇筑完成后，应在 12 小时以内开始对基座进行养护。正常温度下养护时间不应少于 7 天，掺有外加剂或有抗渗、抗冻要求的养护时间应不少于 14 天。

（6）用水泥砂浆对基座进行外部粉刷，水泥砂浆的配比应符合设计要求，外粉厚度应不小于 15 毫米。在基座上向外抹八字，光缆交接箱安装侧应比基座边缘高 20 毫米。

（7）在基座外表装饰完成后进行回土夯实，回填土应高于周边地面 100 ～ 150 毫米。在泥地、沙地等质软的地面，基座周围应做宽度为 150 毫米且坡度大于 10°的水泥散水（图 2-30）。

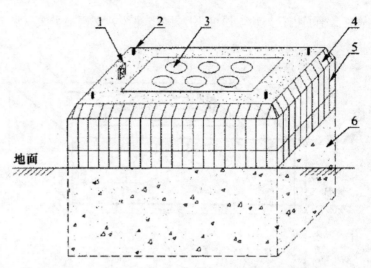

1. 接地体；2. 螺栓；3. 引入管；4. 散水坡；5. 基座外表装饰；6. 混凝土。

图 2-30　混凝土光缆交接箱基座浇筑示意图

2.3.3.2　光缆交接箱的安装

第一，落地光缆交接箱的安装应符合下列要求：

（1）光缆交接箱的安装应在交接箱基座的养护期满之后进行。

（2）光缆交接箱与混凝土基座之间应铺设防水胶垫或按设计要求做防水处理。

（3）将光缆交接箱放置在基座上，并使基座螺栓穿过箱体底座安装孔。

（4）用吊线锤测量箱体的垂直度，偏差控制在箱体高度的 1% 以内。

（5）在基座螺栓上依次摆放平垫片、弹簧垫圈、六角螺母。用扳手紧固六角螺母时，应按对角线的顺序依次拧紧螺母。

（6）用防锈漆对外露螺丝及螺栓进行防锈处理。

（7）用封堵材料将光缆交接箱与基座接缝的内外部缝隙处填实。

（8）光缆交接箱穿放光缆的管孔缝隙和空管孔的上、下管口应严密封堵，光缆交接箱的底部进出光缆口缝隙也应做封堵处理。

第二，架空光缆交接箱的安装应符合下列要求：

（1）按设计要求在 H 杆上安装工作平台，工作平台底部距地面应不小于 3 000 毫米，且不影响道路通行。

（2）将光缆交接箱吊运至工作平台上。

（3）采用长杆螺栓和夹板将交接箱固定在工作平台上。

第三，壁挂式光缆交接箱的安装应符合下列要求：

（1）制作"L"形支撑铁，并涂上防锈材料。

（2）按光缆交接箱底部安装孔尺寸和墙壁固定尺寸在支撑铁上进行钻孔。

（3）用膨胀螺栓将支撑铁固定在墙壁上。

（4）将光缆交接箱抬至支撑铁上并安装固定。

第四，光缆交接箱地线的连接应符合下列要求：

（1）根据光缆交接箱接地排至接地装置之间的走线路由长度，裁剪裁面不小于 16 平方毫米的多股铜线。

（2）多股铜线一端宜与接地装置焊接，并涂上防锈漆。

（3）将多股铜线另一端压接铜鼻子，用螺丝固定在光缆交接箱接地排上。

（4）双面光缆交接箱的两块接地排之间应用多股铜线压接铜鼻子相连。

（5）架空光缆交接箱接地线不应与光缆交接箱工作平台连接。

（6）用地阻仪测量接地电阻，接地电阻值应符合设计要求。

第五，光缆交接箱安装完毕后，应清理箱体内的杂物、封堵孔洞及进行防水防潮处理。按设计要求或业主规定在箱体上喷涂标识，喷涂字体应清晰、端正。

第六，完成光缆交接箱的安装后，清理施工现场，将垃圾清运到垃圾存放站。

2.3.4 分纤盒的安装

2.3.4.1 墙挂无背板分纤盒的安装

第一，分纤盒安装位置的确定应符合下列要求：

（1）分纤盒的安装点应符合设计要求。

（2）根据分纤盒及 4 个固定孔的尺寸（图 2-31），在墙壁上画出分纤盒外轮廓线及 4 个固定孔的位置。

（3）室内安装时箱体的下沿距地面高度不宜小于 1 800 毫米，室外安装时箱体的下沿距地面高度宜为 2 800～3 200 毫米。

（4）用水平尺测量分纤盒的上下轮廓线，应处于水平状态。

（5）用水平尺测量分纤盒的左右轮廓线，应处于垂直状态。

（6）若分纤盒背面有 4 个安装凸点，则可将分纤盒摆放在安装位置处，按一定款的要求定位箱体，用力按压箱体四角标示确定 4 个固定孔的位置。

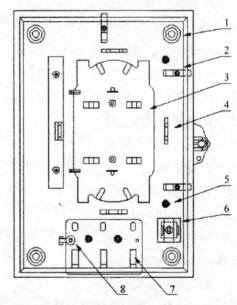

1. 箱体固定孔；2. 塑料理线环；3. 熔纤盘；
4. 魔术扎带架；5. 磁铁；6. 皮缆固定装置；
7. 光缆固定装置；8. 接地铜鼻子。

图 2-31 墙挂无背板分纤盒的安装示意图

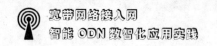
第二，墙挂无背板分纤盒的安装应符合以下要求：

（1）在确定安装箱体的墙面固定孔标记处钻孔，安装膨胀螺栓。用扳手拧紧螺栓，使膨胀套管完全胀开并与墙体结合紧密后，拧下螺栓。

（2）将分纤盒放置在安装位置处，套上螺栓，并适当拧紧螺栓而使箱体固定不易移动。

（3）用水平尺测量箱体上下边（或左右边），使箱体上下边处于水平状态（或左右边处于垂直状态）。

（4）用扳手拧紧螺栓，使分纤盒安装牢固。

（5）完成分纤盒的安装后，清理施工现场，将垃圾清运到垃圾存放站。

2.3.4.2 墙挂有背板分纤盒的安装

第一，墙挂有背板分纤盒的背板型号应按相关生产厂家的产品说明书确定。

第二，墙挂有背板分纤盒的安装应符合以下要求：

（1）将墙挂分纤盒背板摆放在分纤盒的安装位置处，用水平尺测量并调整背板，使背板的横边处于水平状态。

（2）在背板的安装孔处做好标记，确定膨胀螺栓的安装位置。

（3）在背板安装孔标记处钻孔，安装膨胀螺栓。用扳手拧紧螺栓，使膨胀套管完全胀开后，拧下螺栓。

（4）将背板放置在安装位置处，套上螺栓，并适当拧紧螺栓而使背板固定不易移动。

（5）用水平尺测量背板的横边，调整背板使横边处于水平状态。用扳手拧紧螺栓，使背板安装牢固。

（6）先将箱体挂到安装背板上，再打开箱体门，用固定螺钉将箱体下部紧固在安装背板上（图 2-32）。

（7）完成分纤盒的安装后，清理施工现场，将垃圾清运到垃圾存放站。

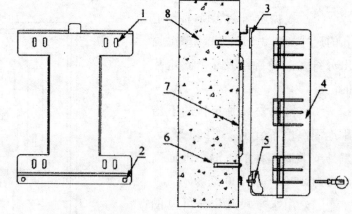

（a）工字形背板　　　　（b）箱体安装与固定

1. 安装孔；2. 箱体固定孔；3. 箱体卡接；4. 箱体；5. 固定螺钉；6. 膨胀螺栓；7. 背板；8. 墙壁。

图 2-32　墙挂工字钢背板分纤盒的安装示意图

2.3.4.3 杆挂分纤盒的安装

第一，杆挂分纤盒在安装固定前，宜在杆下完成箱体内光缆的成端工作。

第二，分纤盒安装位置的确定应符合下列要求：

（1）分纤盒的安装杆位应符合设计要求。

（2）箱体的安装朝向应一致，箱体应面向光缆上行方向，并且与吊线走向垂直。

箱体底部距离地面应不小于2 800毫米，分纤盒顶部距底层吊线距离宜为800毫米。

第三，杆挂分纤盒的安装应符合以下要求：

（1）用钢带抱箍将分纤盒的安装背板固定在电杆上已确定的位置。

（2）将绳索一头拴在箱体提拉孔上，将箱体提拉到安装背板处。

（3）将箱体挂到背板上，打开箱体门，将箱体下部固定在背板上面（图2-33）。

（4）完成分纤盒的安装后，清理施工现场，将垃圾清运到垃圾存放站。

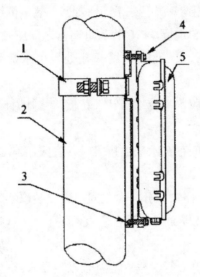

1.抱箍；2.电杆；3.安装背架；4.螺钉；5.箱体。

图2-33　杆挂分纤盒的安装示意图

2.3.5　管槽的安装

2.3.5.1　明管（槽）敷设

第一，明管（槽）敷设应符合以下要求：

（1）管（槽）及其配件的型号规格、敷设路由等应符合设计要求。

（2）管（槽）口应无毛刺，子箱（盒）的露出长度应小于5毫米。

（3）连接管（槽）时，口应对准，连接牢固，密封良好，管（槽）内不得有水和杂物。

（4）安装固定后管（槽）壁不应有裂缝和凹瘪，钢管镀锌层剥落处应涂防腐漆。

（5）在距楼层孔洞300毫米处、距连通的箱（盒）300毫米处、管（槽）弯头处的两侧、管（槽）接头处应采用管（槽）卡固定。

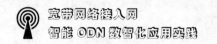

第二，楼内垂直方向布放管（槽）应符合以下要求：

（1）根据设计要求选取垂直管（槽）走向路由，用墨斗弹线定位，并确定穿楼板开孔处。

（2）选用合适的工具打孔，操作时控制打孔冲击力度，避免出现楼板下面沙灰大块脱落的情况。

（3）采用水磨钻头打孔时，应用塑料薄膜覆盖墙面，以减少打孔时对墙面产生的污染。

（4）依照垂直路由情况确定过路盒安装位置，过路盒距离地面安装高度应大于 2 200 毫米。

（5）遇有横向管道时，可用弯管弹簧或手动弯管器、热风机等将 PVC 管弯成合适角度。

（6）将 PVC 管、过路盒安装定位，PVC 管与过路盒之间应安装严实、密缝。

（7）管（槽）敷设完成后，应及时封填开孔处。用水泥修补楼面，并做一个阻水凸台。

（8）采用水泥或滑石粉与胶水混合物修补天花板，修补时应尽量贴近原有颜色，修补处应光滑平整。

（9）垂直管道与分纤盒之间存在水平连接段时，宜采用 PVC 线槽连接，线槽端头应装封头。

（10）线槽与垂直管道、过路盒、分纤盒之间，应安装严实、密封、牢固。

（11）完成管（槽）布放及楼面修补后，应及时清扫、清理施工遗留的垃圾，将垃圾清运到垃圾存放站。

第三，楼内水平方向布放 PVC 管（槽）应符合以下要求：

（1）安装 PVC 管时应排列整齐，固定点间距应均匀，安装应牢固。

（2）遇有弯角时，应采用冷弯法进行弯曲，尽量避免采用成型弯头，以方便后续穿线。

（3）安装线槽时应紧贴建筑物的表面，应布置合理，横平竖直，可靠牢固。

（4）线槽直线段的盖板接口与底板接口应错开，其间距应不小于 100 毫米。盖板应无扭曲和翘角变形等现象，接口应严密整齐，线槽表面色泽应均匀无污染。

（5）完成管（槽）布放后，应及时清理施工遗留的垃圾，将垃圾清运到垃圾存放站。

第四，户内线槽布放应符合以下要求：

（1）线槽直线段，应按照房屋轮廓沿顶部或踢脚线水平方向布放。

（2）线槽转弯处，应使用阳角、阴角或弯角连接，跨越障碍物时应使用线槽软管连接。

（3）线槽距洞口、终端盒 100 毫米处，应采用封洞线槽。

（4）根据现场的实际情况对线槽及其配件进行组合，在切割直线槽时，由于线槽盖和底槽是配对的，不宜分别切割线槽盖和底槽。

（5）线槽固定并确认线槽盖能正常合盖后，擦去作业时留下的污垢。

2.3.5.2 墙体开孔

（1）根据入户光缆的敷设路由，确定其穿越墙体的开孔位置，做好画线标记。

（2）在墙体开孔前，先检查开孔处的墙体是否符合开孔要求，应避开既有线管及自来水管等设施。

（3）根据墙体开孔处的材质与开孔尺寸，选取合适的开孔工具。

（4）开孔时应从内墙面向外墙面操作，开孔时电锤应向上倾斜，与水平线的夹角不小于10°（图2-34），防止后期雨水灌入内墙。

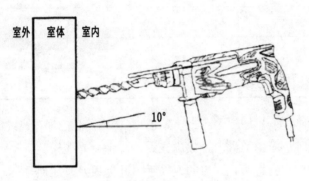

图 2-34 墙体开孔示意图

（5）墙体开孔后，应在内墙面的墙孔埋穿墙套管或在墙孔处安装墙面装饰盖板。

（6）在光缆施工穿越外墙孔前，应临时封堵外墙孔，以防止雨水渗入或虫类爬入。

（7）使用水泥浆对开孔处进行修复，使穿墙套管与墙面呈喇叭口，确保墙面整体美观。

（8）采用水磨钻头打孔时，应用塑料薄膜覆盖墙面，以减少打孔时对墙面产生的污染。

（9）完成墙体开孔后，应及时清理施工遗留的垃圾，将垃圾清运到垃圾存放站。

2.3.6 光缆敷设

2.3.6.1 一般规定

（1）在敷设光缆前，应按要求对光缆进行单盘检验，并做好记录。

（2）施工中应保持光缆外护套的完整性，且无扭转、打小圈和浪涌等现象发生，敷设后的光缆应平直，无明显刮痕等损伤。

（3）敷设光缆的最小曲率半径，应符合表2-3的要求。敷设蝶形引入光缆的最小曲率半径，应符合表2-4的要求。

表2-3　光缆最小曲率半径标准

光缆外护层型式	无外护层或04型	53、54、33、34型
静态（工作时）	10D	12.5D
动态（安装时）	20D	25D

注：D为光缆外径。

表2-4　蝶形引入光缆最小曲率半径标准

单位：毫米

光纤类别	静态（工作时）	动态（安装时）
B1.1和B1.3	30	60
B6a	15	30
B6b	10	25

（4）敷设光缆时，牵引力应限定在光缆允许范围内，且应加在光缆的加强件（芯）上。

（5）敷设光缆时，应由缆盘上方放出光缆，并保持光缆松弛且呈弧形。

（6）光缆敷设后，应将所有开启的人（手）孔盖板及时还原。

（7）合理选择光缆敷设的起始位置：尽可能考虑在光缆盘中间的位置，优选空旷、不影响交通、足够倒盘的地方。

（8）应根据配盘资料核对光缆盘号，盘长，光缆的A、B端端别及外端端别。

（9）采用绕"8"字圈方式敷设光缆时，其光缆盘绕"8"字的内圈长度应大于2 000毫米。

（10）布放蝶形引入光缆时，除拉伸力和压扁力应满足《接入网用蝶形引入光缆》（YD/T 1997—2009）的要求外，其他机械性能应满足《接入网用室内外光缆》（YD/T 1770—2008）的要求。

2.3.6.2　管道光缆敷设

第一，人工清洗管道。

第二，敷设子管应符合下列要求：

（1）在已清洗疏通的管孔中，按设计文件要求一次性敷设两根及以上的塑料子管。

（2）布放子管前，应合理配置子管长度。

（3）塑料子管不得跨人（手）孔敷设，在管孔内塑料子管不得有接头。

（4）不同颜色的子管分别用放线盘布放，布放子管时不得扭曲、折弯。

（5）先用4毫米铁线把多根塑料子管穿扎在一起，然后通过转环用牵引绳或铁线或穿管器等牵引塑料子管至下一人（手）孔，并按设计要求及时安装管孔堵头和子管塞。

（6）塑料子管在公用通信管道人（手）孔内伸出长度为200～400毫米；子管在住宅区红线范围内的通信管道人（手）孔内伸出长度为100～200毫米。

（7）布放纺织子管时，操作方法同普通PVC子管一样，布放时不得将纺织子管扭绞。

（8）将出孔后的纺织子管从管道人孔中间裁断，并沿人孔壁绑扎固定。不得将未使用的纺织子管的中间牵引绳抽出。

第三，敷设管道光缆应符合下列要求：

（1）将光缆盘放置在准备穿管孔的同侧面，布放光缆时，由光缆盘至管孔口的一段光缆应呈均匀的弧形。

（2）采用逐段牵引的方式敷设光缆时，应将牵引绳（如穿管器）通过转环与光缆牵引端头连接后，逐孔牵引光缆至下一人（手）孔。

（3）敷设光缆时，应有专人指挥。每个人（手）孔应有人配合，听从指挥，按命令行事，防止出现背扣等不安全事件。人工敷设管道光缆的一次敷设长度，不得超过1 000米。

（4）在敷设光缆过程中，光缆进出人（手）孔应采取相应防磨措施，防止损伤光缆。

（5）光缆接头处留长应符合设计要求。

（6）光缆敷设完成后，应按设计要求在人（手）孔内固定。光缆出管孔在150毫米以内不应作弯曲处理。

（7）在每个人（手）孔内的光缆上均应挂标识牌，标识牌应吊挂在易见位置。光缆标识牌的材质、规格及标识牌标注的内容，应符合设计要求或建设单位要求。

2.3.6.3　吊挂式架空光缆架设

（1）根据设计文件要求确定光缆的杆面位置。

（2）在光缆布放端的起始端与牵引端各安装导向索和两个导向滑轮，并在角杆等合适位置安装滑轮以及在吊线上每隔20～30米安装一个导引滑轮，在安装滑轮时应将牵引绳穿入滑轮。

（3）将光缆穿过滑轮通过牵引绳进行人工或牵引机牵引，在路由转弯处等牵引力较大的地方，应采取接力牵引或将光缆倒盘布放。

（4）光缆布放完毕后，由一端开始用光缆挂钩将光缆卡挂在吊线上并取下导引滑轮。挂钩在吊线上的搭扣方向应一致，挂钩托板应安装齐全、整齐。

（5）光缆挂钩的卡挂间距应为500毫米，允许偏差±30毫米；在电杆两侧的第一只挂钩应各距电杆250毫米，允许偏差±20毫米。

（6）在每隔1～3根电杆上，应将光缆做伸缩预留（图2-35）。

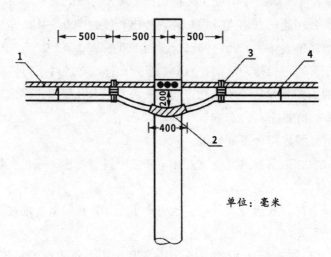

单位：毫米

1. 吊线；2. 聚乙烯管；3. 扎带；4. 挂钩。

图 2-35　光缆在电杆处的伸缩预留示意图

2.3.6.4　钉固式墙壁光缆

第一，依据设计文件要求，确定光缆在墙上的敷设位置。墙壁光缆距地面的高度应符合《通信线路工程验收规范》（YD 5121—2010）的规定。

第二，在确定的室外墙壁光缆路由上，用墨斗进行弹线定位。

第三，在墨线上每隔 500 毫米做钻孔标记，转弯两侧的钻孔位置应在距转角 150 ～ 250 毫米处。

第四，钻孔安装卡箍，布放光缆并将光缆卡入卡箍。

第五，卡箍的钉固应符合以下要求：

（1）卡箍的钉固方式有扩张螺钉、木螺钉、射钉及水泥螺纹钉等，具体采用哪种方式应根据设计选定或因地制宜。

（2）钉固螺钉应在光缆的同一侧。

（3）沿墙壁水平钉固时，其钉固卡箍的螺钉应置于光缆下方。

（4）在外墙钉固光缆时，不得使用木螺钉。

2.3.6.5　引上光缆

第一，引上管的安装地点应符合设计要求。

第二，引上管安装应符合下列要求：

（1）引上管在地面以上部分应为直管，地面以下部分用弯型保护管过渡，地面以上的高度应不低于 2 500 毫米，地面以下的弯型保护管深度宜为 600 ～ 800 毫米，引上管的管口应封堵。

（2）电杆引上时，地面上的保护管分别在距保护管上端管口 150 毫米处和距地面 300

毫米处用 φ4.0 毫米钢线绑扎 6 ～ 8 圈（图 2-36）。

（3）墙壁引上时，地面上的保护管分别在距保护管上端管口 150 毫米处和距地面 300 毫米处用 U 形固定卡钉固（图 2-37）。

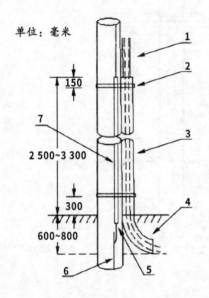

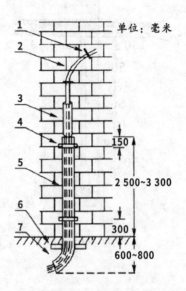

1. 子管或光缆；2. 钢线；3. 引上管；4. 弯管；
5. 地线；6. 地线棒；7. 地线保护管。

图 2-36　光缆电杆引上装置示意图 1

1. 固定卡；2. 光缆；3. 子管；4.U 形固定卡；
5. 引上管；6. 引上管支撑；7. 弯管。

图 2-37　光缆电杆引上装置示意图 2

（4）光缆在引上管上方的电杆部分应每间隔 500 毫米绑扎固定，始末端固定绑扎线距引上管上端管口和吊线间隔应为 150 毫米（图 2-38）。

（5）穿放引上光缆时，引上管内穿放塑料子管的根数应视引上管管径确定，塑料子管伸出引上管上端口应不小于 300 毫米，在引上管下端口塑料子管应延伸至人（手）孔内或直埋光缆沟底，塑料子管管口应封堵。有地线的引上杆，地线与引上管一并绑扎并引至地线棒。

（6）引上光缆在引上管上方的电杆处应垫胶皮垫进行绑扎固定，光缆引上后应做伸缩弯（图 2-39）。

（7）在人（手）孔内的引上光缆，应按光缆的走向在孔壁上开钻孔洞，按设计要求将光缆固定在人（手）孔内并做好预留，封堵孔洞。在有条件的地段，应制作引上工作手孔。

（8）在穿放光缆完成后，应封堵暂时不用的子管管口。

（9）引上钢管的地下部分，应用混凝土包封，之后回土覆盖。

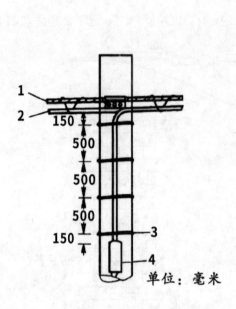

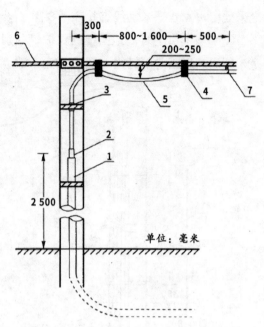

图 2-38　光缆电杆引上固定示意图 3　　　图 2-39　光缆电杆引上安装示意图 4

2.3.6.6　杆路敷设自承式蝶形引入光缆

（1）架空敷设光缆前应对钢带、紧箍拉钩、紧固夹、S 形固定件等常用支撑件进行检查。

（2）在原有杆路上安装紧箍钢带、紧箍拉钩时，紧箍钢带安装位置距杆梢不应小于 500 毫米，距杆上同侧原有光（电）缆设施的间距不应小于 400 毫米。

（3）根据入户光缆的路由长度，沿光缆的入户方向，在空旷处将自承式蝶形引入光缆倒盘。

（4）开剥自承式蝶形引入光缆时，应注意保护光缆纤芯不受折压，以免损伤纤芯。

（5）将光缆的加强芯在 S 形固定件上进行 S 形缠绕，并在 S 形固定件尾端的 H 槽内缠绕 1 圈后回绕，最后在加强芯上自缠 6 圈做终结。

（6）在固定好光缆加强芯后，将 S 形固定件连接在紧箍拉钩上。

（7）敷设自承式蝶形引入光缆时，全程的纤芯和加强芯不得有接头，中间杆路的每根电杆两端都应做过渡终结（图 2-40）。过渡终结应按以下方法制作。

①在电杆上安装紧箍钢带、双向紧箍拉钩，且双向紧箍拉钩上均连接 S 形固定件。

②将光缆的加强芯与纤芯剥离，开剥长度约为 800 毫米。

③按下列操作步骤分别将两个方向的光缆加强芯依次在 S 形固定件上固定：

a. 固定前按光缆的垂度要求收紧杆档光缆。

b. 在 S 形固定件上进行 S 形缠绕，在 S 形固定件尾端的 H 槽内缠绕 1 圈。

④在电杆上完成两端加强芯固定后，采用纵包管对过渡部分光缆进行保护。

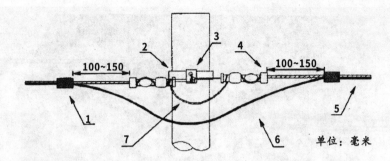

1.绝缘胶带；2.紧箍钢带；3.紧箍拉钩；4.S形固定件；
5.自承式蝶形引入光缆；6.纵包管；7.自承式蝶形引入光缆吊线。

图2-40 中间杆路敷设蝶形引入光缆示意图

（8）光缆在终端杆终结（图2-41）的制作方法与过渡终结相同。

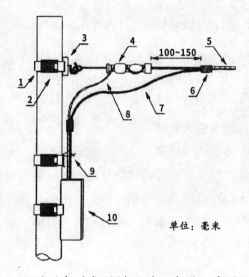

图2-41 终端杆路敷设蝶形引入光缆示意图

（9）布放自承式蝶形引入光缆的所有开剥点，与S形固定件之间均应预留50毫米，施工完毕后，开剥点纵包管与蝶形引入光缆连接处用绝缘胶带缠绕6圈，避免自承式蝶形引入光缆的加强芯与纤芯脱离。

（10）架空自承式蝶形引入光缆与其他架空线缆交越时，交越距离应符合《通信线路工程验收规范》（YD 5121—2010）的规范要求。

2.3.6.7 自承式蝶形引入光缆引下

（1）当自承式蝶形引入光缆从杆路上引下时，应在光缆引下方向侧面的用户端墙面上安装C形拉钩，用φ6毫米的膨胀螺钉固定C形拉钩。

（2）将S形固定件连接C形拉钩，在S形固定件上适度收紧自承式蝶形引入光缆的加强芯，并做终结（图2-42）。

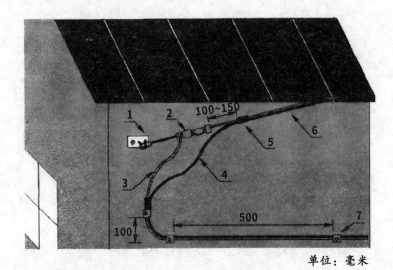

单位：毫米

图 2-42　自承式蝶形引入光缆引下墙壁敷设示意图

（3）下列场景自承式蝶形引入光缆应采用纵包管保护：①被开剥部分。②在墙角等障碍物处。

2.3.6.8　墙面钉固蝶形引入光缆

（1）按设计要求在墙面的合适部位选择自承式蝶形引入光缆路由走向，在确定的自承式蝶形引入光缆的螺钉安装点用记号笔做好标记，螺钉扣之间的间距应为 500 毫米。

（2）在螺钉安装标记点选取合适的钻头打孔，用膨胀螺钉安装固定螺钉扣。

（3）将自承式蝶形引入光缆逐个卡入螺钉扣内，钉固后的自承式蝶形引入光缆应横平竖直（图 2-43）。

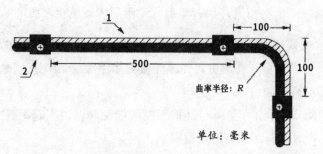

单位：毫米

图 2-43　自承式蝶形引入光缆墙壁钉固示意图

2.3.6.9　波纹管保护墙面敷设蝶形引入光缆

（1）按设计要求在墙面的合适部位选择蝶形引入光缆路由走向，在确定的蝶形引入光缆的螺钉安装点用记号笔做好标记，路由走向应横平竖直。

（2）单根蝶形引入光缆应采用 φ20 毫米波纹管保护，多根蝶形引入光缆应采用 φ30

毫米波纹管保护，应采用塑料管卡将波纹管钉固在墙面上。

（3）在螺钉安装标记点选取合适的钻头打孔，用膨胀螺钉安装固定螺钉扣，安装管卡并固定波纹管，管卡间距为 500 毫米（图 2-44）。

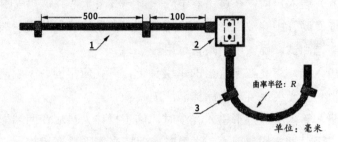

图 2-44 波纹管钉固示意图

（4）当水平波纹管段长超过 15 米并且有 2 个以上的 90°弯角或直线段长超过 30 米时，应设置过路盒。

（5）波纹管安装在用户门口上方靠墙壁侧的过路盒时，应采用波纹管双通对接。

（6）在路由的拐角或建筑物的凹凸处，波纹管需保持一定的弧度，在弧度弯角的两边加装管卡。在跨越其他管线时，需在跨越点向外 100 毫米处加装管卡。

（7）墙面布放的波纹管，应将波纹管两端略向下倾斜。完成墙面波纹管敷设后，将蝶形引入光缆穿放在波纹管中。

（8）在完成波纹管的钉固和蝶形引入光缆的布放后，应及时清理施工遗留的垃圾，将垃圾清运到垃圾存放站。

2.3.6.10 蝶形引入光缆入户

（1）蝶形引入光缆应经过穿墙管入户。

（2）自承式蝶形引入光缆入户时，应将加强芯剥离后方可入户。

（3）入户光缆在外墙体入户处，应做"滴水弯"。

（4）完成入户光缆穿放后，应用设计要求的封堵材料对孔洞的空隙处进行填充封堵，封堵处应平整、牢固（图 2-45）。

（5）当墙壁光缆采用波纹管保护方式入户时，应将波纹管嵌入穿墙孔内且波纹管开口处不得暴露在墙孔外，用封堵材料进行填充封堵。

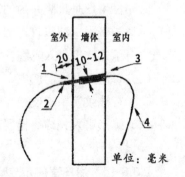

图 2-45 蝶形引入光缆开孔入户示意图

2.3.6.11　楼道内明（暗）管穿放蝶形引入光缆

（1）在明（暗）管内布放蝶形引入光缆时，应使用穿管器牵引。

（2）蝶形引入光缆入户前，在过路盒中应预留 500 毫米，并绑扎成圈。

（3）在用户原有暗管中穿放蝶形引入光缆前，应使用穿管器从用户端室内向楼道内暗管（反向）进行穿通测试，确认用户暗管可用。

（4）将蝶形引入光缆绑扎在穿管器的牵引头上，绑扎应牢固、不脱离、无凸角。穿管器的牵引头和蝶形引入光缆上可适当涂抹润滑剂。

（5）在明（暗）管内穿放蝶形引入光缆时，施工操作人员应在两端配合操作：一端牵引、另一端送缆，牵引时应均匀用力，送缆时应保持光缆平滑不扭曲。

（6）蝶形引入光缆经过直线过路盒时，直接通过可不余留；在经过转弯处的过路盒时，应在过路盒内余留 300 毫米光缆，并绑扎成圈。

2.3.6.12　天花板／吊顶内敷设蝶形引入光缆

（1）敷设天花板内的蝶形引入光缆应全程用 φ20 毫米的 PVC 管或波纹管保护。

（2）在天花板内敷设 PVC 管或波纹管时，应选择合适的路由，不宜与其他线缆交叉、跨越、缠绕、压迫。若天花板内有弱电线槽，可将 PVC 管或波纹管穿放于弱电线槽内。

（3）波纹管宜从用户门口垂直引下或直接从天花板上方打孔穿入用户室内。波纹管从用户门口引下时，应在用户门口的墙面上安装管卡，使用合适的膨胀螺钉固定管卡，管卡间距为 500 毫米。波纹管与过路盒应使用双通连接。

（4）蝶形引入光缆在波纹管内穿放时，应使用穿管器牵引穿放。

2.3.6.13　垂直竖井内敷设蝶形引入光缆

（1）在用户垂直竖井内的弱电布线架内敷设蝶形引入光缆时，应采用波纹管保护，并使用小型扣带固定波纹管，固定间距为 400 毫米。在用户垂直竖井内的弱电布线架上可直接布放自承式蝶形引入光缆，且可不使用波纹管保护。

（2）每层竖井内的弱电布线架内应安装过路盒。

（3）在波纹管中应使用穿管器牵引布放蝶形引入光缆。

（4）蝶形引入光缆经楼层过路盒时应在过路盒内固定，并预留 300 毫米，绑扎成圈。

2.3.6.14　用户室内布放蝶形引入光缆

（1）用户室内布放蝶形引入光缆，应根据用户要求，分别选用线槽方式、卡钉扣方式或暗管方式布放。当用户室内原有暗管可以利用时，应优先选择暗管布放方式。

（2）将蝶形引入光缆放入线槽，关闭线槽盖时不得夹住光缆。确认线槽盖严实后，擦去作业时留下的污垢。

（3）用卡钉扣方式布放时，应沿门框边和踢脚线安装卡钉扣，卡钉扣间距为 500 毫米（图 2-46）。待卡钉扣全部安装完成后，将蝶形引入光缆逐个扣入卡钉扣内。不得将蝶形引入光缆扣入卡钉扣后再安装、敲击卡钉扣。

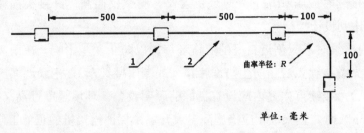

图 2-46 蝶形引入光缆入户卡箍方式示意图

（4）蝶形引入光缆在信息插座或网络箱内部预留长度不应小于 400 毫米。

2.3.6.15 管道内敷设蝶形引入光缆

（1）根据引入光缆的路由长度，在空旷处将管道型蝶形引入光缆倒盘。

（2）牵引头制作时开剥引入光缆长度为 100～150 毫米，且只留加强芯，应将加强芯回弯并自缠绕做成牵引头，用自粘胶带缠绕保护光缆头。

（3）逐段牵引敷设光缆前，应使用穿管器逐段疏通管道或暗管，敷设光缆时，应将牵引绳（如穿管器）与光缆牵引头连接，逐孔牵引。

（4）敷设管道型蝶形引入光缆时，应控制好牵引力，其牵引力不得作用在纤芯上。

（5）管道型蝶形引入光缆一次敷设长度不得超过 300 米。

2.3.7 光缆接续及成端

2.3.7.1 光缆接续

（1）光缆接续前，应核对光缆的程式、端别及护层对地绝缘情况，记录光缆接续点在光缆护套上的尺码数。

（2）接头盒内光纤序号应做永久性标记，当两个方向的光缆从接头盒同一侧进入时，应对光缆端别做统一的永久标记。

（3）光缆接续的方法和工序标准，除应符合本规程要求外，还应符合接头盒厂家的安装工艺要求。

（4）光纤的固定接头应采用熔接法，光纤熔接后应采用热熔套管保护。光纤的活动接头应采用成品光纤连接器。

（5）光缆接头处的预留长度应符合设计要求。

（6）接头盒内的光纤余留应不少于 600 毫米，光纤余留在收容盘内应保证足够的盘绕半径，其曲率半径应不小于 30 毫米，光纤余留在接头盒内的光纤盘片上时，盘绕方向应

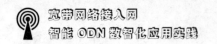
一致，无挤压、松动。带状光缆的光纤接续后应理顺，不得有"S"弯。

（7）光缆加强芯在接头盒内应固定牢固，金属构件在接头处应呈电气断开状态。

（8）光纤接续后，不得出现光纤纤序错接现象。

（9）光纤接续时应用 OTDR（光时域反射仪）测试仪监测光纤接头损耗，光纤的平均接头损耗值应达到设计指标。

（10）光缆接续时，应创造良好的工作环境，以防止灰尘影响。在雨雪天施工应避免露天作业，在光缆接续点应搭防尘防雨帐篷（或专用接续车），干燥地面应铺干净的塑料布，布置工作台，接续点帐篷内应设有良好的照明设备。环境温度过高（+40℃以上）或过低（+5℃以下）时，宜采取相应措施降温或升温，保证熔接机的正常工作状态。降温或升温措施不应给光纤接续造成尘埃污染。

（11）光缆中掏接光纤前，应分清光纤序号，掏接光纤时不得对直通光纤造成损伤，直通光纤在光缆接续处需预留时，宜与分歧接续的光纤分开预留。

2.3.7.2　光缆成端

第一，光缆在 ODF 架、交接箱、分纤盒、光分路器、智能终端盒和光纤插座等设施处的成端应符合以下要求：

（1）光纤成端的制作方式、光纤活动连接器的型号应符合设计要求。

（2）成端光纤与尾纤接续的方式应符合设计要求，尾纤余留长度适中。

（3）未使用的适配器、活动连接器或活动连接器插头应盖上防尘帽。

第二，配线光缆与引入光缆在交接箱、分纤盒内光纤接续方式和纤序分配应符合设计要求。

第三，光纤的接续损耗应符合设计要求。

第四，光缆与金属构件的连接应符合以下要求：

（1）在机柜（箱）内，应使用截面不小于 6 平方毫米的多股铜芯线将光缆的金属构件与高压防护接地装置可靠连接。

（2）在 ODF 架、交接箱、分纤盒、光分路器、终端盒内，光缆的金属构件应与箱体（盒）电气断开。

（3）室外光缆与室内光缆的金属构件不得进行电气连通。

（4）光缆金属护层（屏蔽层）接地可采用以下两种方式之一：

①用纵向开剥刀在光缆外护套上切个口子，用钢丝钳将接地连接线与外护套压接在一起，接地线另一端与地排相连。

②在已开剥的光缆根部剥开外护套，保留金属护层，剥开长度应大于 35 毫米。将外护套外翻并与光缆紧贴，用卡箍直接接地。

第五，光缆（纤）在交接箱、分纤盒或终端设施内的布放应符合以下要求：

（1）路由走向应符合相应产品说明书的布线要求。

（2）机柜（箱）内的光缆（纤）与其他缆线应分类绑扎，排列整齐。

（3）光纤收容盘内余留的裸纤、尾纤盘绕方向应一致，盘绕稳定，无挤压、无扭转。

（4）裸纤、尾纤、光缆盘留的曲率半径应符合要求。

（5）活动连接器的固定面板、光缆和尾纤应按设计或业主要求进行标识。

2.3.8 跳接光纤链路及分光器安装

2.3.8.1 连通 ODN 光纤链路的施工流程

连通 ODN 光纤链路，其主要的施工步骤应符合下列要求：

（1）跳纤连接 PON 口与主干光缆，在一级分光点接收 PON 口发出的光，以此核对纤芯。

（2）在安装一级光分路器之后，用跳纤连接主干光缆和光分路器的入口，在出口收光核对。

（3）由一级光分路器的出口跳纤连接至配线光缆，在末级分光点收光核对纤芯后，安装末级光分路器，用跳纤连接配线光缆和光分路器的入口，在出口收光核对。

（4）全程光纤链路只含一级光分路器时，依据设计跳纤，施工操作应参照相关规定执行。

2.3.8.2 光纤链路跳接前准备

（1）依据设计文件中关于 PON 口使用规划、光分路器配置方案和末级光分路器地址覆盖等相关资料，编制施工用光纤链路连接表。

（2）根据施工用光纤链路连接表，制作跳纤、光分路器等施工用的临时标签标识。

（3）准备好仪器仪表：PON 光功率计、手持式光源、红光光源、PON 光时域反射仪。

（4）依据设计文件准备好跳纤的种类及数量、光分路器的种类及数量。

（5）常用的光分路器按原理分为熔融拉锥（FBT）和平面光波导（PLC）两种类型。均匀分光的光分路器其插入损耗值应不大于表 2-5 所要求值。

表 2-5 光分路器插入损耗典型值

光分路器规格	插入损耗典型值 / 分贝	光分路器规格	插入损耗典型值 / 分贝
1×2	4.2	2×2	4.4
1×4	7.4	2×4	7.6
1×8	10.7	2×8	11
1×16	13.9	2×16	14.8

续表

光分路器规格	插入损耗典型值 / 分贝	光分路器规格	插入损耗典型值 / 分贝
1×32	17.2	2×32	17.9
1×64	21.5	2×64	21.5
1×128	24.6	2×128	24.8

（6）利用光源和 PON 光功率计，检测光分路器的插入损耗值。将测试结果与表 2-5 进行比对，若超出范围则不得使用。

（7）确认工程现场跳接光纤链路应符合下列要求：

①已经完成了 OLT 设备的安装测试。

②光缆交接箱及光缆分纤盒已经安装到位，并且完成了箱体喷码、标识等工作。

③主干光缆、配线光缆已经完成布放及成端，并且粘贴了标签标识。

2.3.8.3　光分路器的安装

（1）常用的光分路器按封装方式分为盒式、机架式、微型式、托盘式和插片式等，依据设计和现场环境领取安装，不得混用。

（2）末级光分路器装于光缆分纤盒之中，一级光分路器装于 OLT 机房或光缆交接箱之中，依据设计规划而定。

（3）安装光分路器应达到工整和美观的效果，其所有尾纤或跳纤均应有一定富余量，方便维护时取出和还原。

（4）完成光分路器的安装之后，在光分路器正面的显著位置处，粘贴临时标签标识。

2.3.8.4　跳纤连通光纤链路

（1）光纤链路的连通按照自上而下的方式进行，先由局端 OLT 侧开始，经光缆交接箱、一级光分路器，再到用户侧光缆分纤盒、末级光分路器终结。

（2）布放跳纤时，应符合架内整齐、布线美观、便于操作、少占空间的原则。跳纤的长度应适中，不得使用长度不足的跳纤。

（3）根据施工现场具体情况对跳纤进行整理后，应在适当处用自粘带绑扎固定。所有跳纤应在走线区域内布放。

（4）完成光纤链路连通后，粘贴临时标签，记录跳接端口等相关资料，作为资源录入及打印正式标签的依据。

（5）在完成光纤链路测试后，拆去跳纤和光分路器的临时标签，更换正式标签，正式标签的内容应符合资源管理要求。

2.3.9 光纤链路测试

2.3.9.1 光纤链路测试方法

第一，工程中对光纤链路测试常用的方法有以下三种：

（1）用光源和光功率计测试。

（2）利用 OLT 设备 PON 口和光功率计测试。

（3）用 PON 光时域反射仪（OTDR）测试。

第二，依据工程设计及工程实施情况选用测试方法，其测试指标应符合设计要求。

第三，光纤链路测试主要项目有：光纤衰减、回波损耗、光纤接头损耗、光纤链路全程衰减、光纤长度等，其测试项目应符合设计要求。

2.3.9.2 OLT 至用户接入点之间的光纤链路测试

第一，用光源和光功率计测试光纤链路的操作方法应符合下列要求：

（1）采用光源和光功率计测试宽带下行（图 2-47）和宽带上行（图 2-48），可测试的项目有光纤衰减、光纤链路全程衰减。

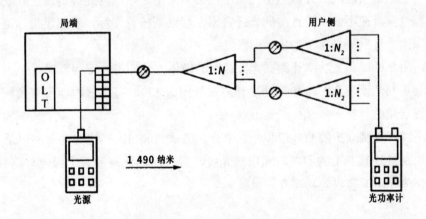

注：图中"N"为用户接入点用户侧配线设备至家居配线箱光纤链路中熔接的接头数量，下图同。

图 2-47 光源和光功率计测试宽带下行示意图

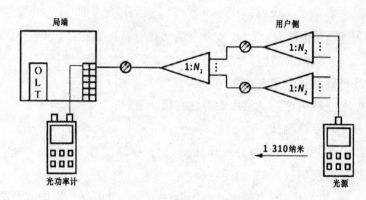

图 2-48　光源和光功率计测试宽带上行示意图

（2）将光源、光功率计用跳纤直连，测试光源输出光功率。光源、光功率计应重复连接三次，测试得到的三个值若相差大则需查找问题，若相差不大则取平均值作为光源输出光功率并记录。

（3）测试时下行采用 1 490 纳米窗口，上行采用 1 310 纳米窗口。

（4）将光源用跳纤连接到被测光路的一端，将光功率计连接到被测光路的另一端，将测量值作为光路的接收光功率并记录。

（5）将测试记录值减去光源输出光功率值得到的结果，即为光纤链路全程衰减值。光纤链路全程衰减值应不低于设计中的光纤链路全程衰减核算指标，若超出指标范围，则应逐段查找原因，直到修复正常为止。

第二，用 PON 口和光功率计测试光纤链路的操作方法应符合下列要求：

（1）利用 OLT 设备 PON 口和光功率计测试（图 2-49），可测试的项目有光纤衰减、光纤链路全程衰减。

（2）用跳纤连接 OLT 的 PON 口和光功率计，测试 PON 口的输出光功率并记录。

（3）用跳纤连接 OLT 的 PON 口和出局光缆，将光功率计连接到末级光分路器的出口，将测量值作为光路的接收光功率并记录。

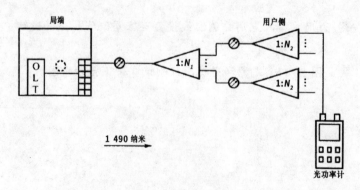

图 2-49　PON 口和光功率计测试示意图

（4）将测试记录值减去 PON 口输出光功率值得到的结果，即为光纤链路全程衰减值。光纤链路全程衰减值应不低于设计中的光纤链路全程衰减核算指标，若超出指标范围，则应逐段查找原因，直到修复正常为止。

第三，用 PON 光时域反射仪测试光纤链路的操作方法应符合下列要求：

（1）采用 PON 光时域反射仪测试（图 2-50），可测试的项目有光纤衰减、回波损耗、光纤接头损耗、光纤链路全程衰减、光纤长度。

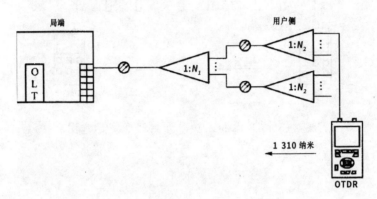

图 2-50　PON 光时域反射仪测试示意图

（2）用跳纤将 OTDR 的发光口与被测光路连接。

（3）在 OTDR 上选择 1 310 纳米测试窗口，并设置好测试折射率。

（4）OTDR 的选择量程，为被测线路的 1.5 倍，根据量程选择合适的脉冲宽度。

（5）选择自动或手动进行测试，形成测试图像。如果曲线平滑，则将图像保存，作为竣工技术文件的资料；如曲线异常，则分析原因并及时排除故障。

（6）由局端选择 1 490 纳米测试窗口，重复第（2）和第（5）的操作步骤测试宽带下行。

2.3.9.3　用户接入点至 ONU 之间的光纤链路测试

第一，用红光光源检测光纤的导通性和位置的正确性。具体如下：

（1）在用户接入点或家居配线箱侧，采用光纤连接器将红光引入被测光纤。

（2）设置红光光源的工作模式为连续或脉冲模式。

（3）在被测光纤的另一端观察接收红光情况，确认光纤的导通性以及对应房号的正确性。

第二，用光源和光功率计测试用户接入点至 ONU 之间的光纤链路衰减（图 2-51）。

第三，若用户接入点配线设备至家居配线箱之间的光纤链路长度不大于 300 米，其光纤链路衰减应不超过 0.4 分贝。

第四，当用户接入点配线设备至家居配线箱之间的光纤链路长度超过 300 米时，其光纤链路衰减限值的计算公式为：光纤衰减系数 × 光纤链路长度 +（熔接头数量 +2）× 光

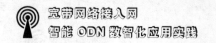

纤接头损耗系数。光纤接头损耗系数按 0.1 分贝计取。

第五，在完成光纤链路测试后，拆去临时标签，更换成符合资源管理要求的正式标签。

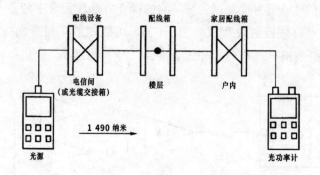

图 2-51 光源和光功率计测试衰减示意图

2.4 宽带网络项目验收

2.4.1 宽带网络项目验收内容

宽带网络项目验收分三个阶段进行，即初验、试运行和终验。根据宽带网络项目需要可采用一次性验收。

2.4.1.1 宽带网络项目验收小组职责

（1）宽带网络验收的相关管理制度和流程的制定、解释、修订和执行监督。

（2）制定项目验收标准。

（3）建设单位组织建设、维护、财务、采购等相关部门以及设计、施工、监理、主要设备厂家等合作单位成立验收小组，开展竣工验收工作。

2.4.1.2 验收主要工作内容

（1）为提升竣工资料编制的及时性、准确性，建设单位在工程建设的过程中，应同步开展物资清点、资料编制、资料数据录入等工作。

（2）建设单位组织设计、施工、监理等相关合作单位及维护部门，根据设计要求及施工规范等对已施工完成的部分工程内容进行工程量审核、施工工艺检查等。

（3）工程交付后进入试运行期，建设单位应组织相关部门和合作单位同步开展遗留问题整改、决算编制等工作。

（4）验收小组严格审查项目范围，对项目范围有变更记录的应检查变更审批是否符合规范，并根据变更后的规模和范围进行验收。

（5）验收小组审查项目进度管理情况，对实际完工时间超出计划的应在验收结论中记录，建设单位应在正式竣工报告的经验教训中进行相关总结。

（6）如工程有剩余物资，建设单位应会同相关部门于竣工验收前处理完毕。

（7）建设单位应组织施工单位及时完成施工结算送审和审计配合工作。

（8）建设单位、财务部门应会同相关部门和合作单位在竣工验收前完成决算清理、补列账、后续费用分摊和转资、正式竣工决算表等材料的编制等工作。

（9）建设单位编制正式竣工验收报告，财务部门汇总正式竣工决算报表，供验收小组审查。正式竣工验收报告和正式竣工决算报表的信息应完整、准确，填写规范。正式竣工决算报表内容应符合公司建设项目财务管理相关规定。

（10）建设单位应在正式竣工决算报表编制前进行决算资料的收集、整理工作，并于工程竣工验收前10个工作日将完整的符合决算编制要求的决算资料送交工程财务人员办理竣工决算。

（11）建设单位依据竣工验收条件的满足情况组织编写竣工验收报告，财务部门负责出具正式竣工决算报表，供验收小组审查。

（12）验收小组审查初验遗留问题解决情况、试运行报告、竣工验收报告、正式竣工决算报表、工程档案归集等情况，验收小组要在竣工验收会上形成验收结论，明确是否通过竣工验收，对验收结论进行签字确认并形成会议纪要或通过信息化系统形成电子审批流程记录。

（13）建设单位可根据竣工验收批复出具的竣工验收证书用于付款、归档等相关工作。

（14）建设单位应在工程竣工验收合格后15日内向通信主管部门进行竣工验收备案。

2.4.2 宽带网络项目初验

宽带网络项目初验应在施工单位向建设单位提交完工报告，竣工文件编报完毕后，由建设单位组织实施。

（1）宽带网络项目初验应在施工完毕并经自检及监理单位预检合格的基础上进行。在初验测试阶段，应按备件清单对各项备件数量进行清点，并对各种备件板进行联机测试，确认性能良好。

（2）宽带网络项目初验时应在审查竣工文件的基础上对安装工艺、系统功能等内容进行检查和抽测。宽带网络项目建设时，如在宽带网络项目中安装了ONU设备，则需要以不小于10%的抽测比例进行系统性能测试；如宽带网络项目中未安装ONU设备，则可使用

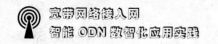

测试 ONU 设备及测试账号，采用抽测方式进行系统测试检验。

（3）验收小组审查隐蔽宽带网络项目签证记录，可对部分隐蔽宽带网络项目进行抽查。

（4）在初验测试阶段，应按备件清单对各项备件数量进行清点，并对各种备件板进行联机测试，确认性能良好。

（5）宽带网络项目初验中，应根据省内综合资源管理系统的要求完成网络资源数据的录入，并核实数据是否准确。

（6）宽带网络项目初验中发现不符合本规范或设计要求的项目，应查明原因，分清责任，由责任方限期妥善处理，将存在的问题整改完成后方可进行试运行。

2.4.3　宽带网络项目试运行

（1）由建设单位委托维护方或其他相关部门负责进行试运行。

（2）试运行期内应开通部分业务，检验其传送功能。

（3）对初验中遗留问题进行整改。

（4）试运行期间如果出现重大故障，试运行期要从处理完故障之日起重新计算。

（5）试运行时间不应低于 3 个月，即从对初验遗留问题整改完成之日起计算，至少 3 个月后才可终验。

2.4.4　宽带网络项目终验

在宽带网络项目试运行结束后，由建设单位组织设计、监理、施工和接收单位对宽带网络项目进行终验。

第一，宽带网络项目终验应对以下项目进行检查：

（1）试运行遗留问题的解决情况。

（2）验收小组认为需要抽查的项目。

（3）设备的清点核实。

（4）宽带网络项目技术文件的整理情况。

第二，对终验中发现的质量不合格项目，应由验收小组查明原因，分清责任，提出处理意见。

第三，终验应对宽带网络项目质量、档案及投资决算进行综合评定，并对宽带网络项目设计、施工、监理和相关管理部门的工作进行总结，并给出书面评价。

第四，终验合格后应颁发验收证书。

2.4.5 宽带网络项目随工检验

随工检验应由建设单位委托的监理或随工代表采取巡视、旁站等方式进行。对隐蔽宽带网络项目，应由监理或随工代表签署"隐蔽宽带网络项目检验签证"。

监理或随工代表在检验项目验收时，对出现的问题要做好记录，重大问题应及时上报，由主管部门处理。

设备安装宽带网络项目的质量过程控制应按表 2-6 的项目和内容进行。

表 2-6 设备安装宽带网络项目质量过程控制项目与内容

序号	验收子项	检验内容
1	OLT 设备	安装位置及安装加固
		设备间缆线布放、端接
		标签标识均应清晰、完整、无误
		设备加电、调测
2	ONU 设备	安装位置及安装加固
		缆线布放安装
		防雷装置和防雷接地的处理
3	ONT 设备	安装位置及安装加固
		缆线布放安装
4	网管设备	电源布放安装和防雷接地处理
		信号电缆布放安装
5	机柜（箱）	安装位置及安装加固
		落地式室外机柜基座及地线的制作
		接地线安装、接地电阻
		标签标识均应清晰、完整、无误
6	家居配线箱	安装位置及安装加固
		标签标识均应清晰、完整、无误

ODN 安装宽带网络项目的随工检验项目与内容见表 2-7。

表 2-7　ODN 安装宽带网络项目随工检验项目与内容

序号	验收子项	检验内容
1	光纤配线架安装	型号、安装位置与安装加固
		机架、单元框、光纤终端单元安装
		光纤槽道、走线架安装
		光纤连接线布放安装
		防雷接地线布放安装
		标签标识均应清晰、完整、无误
2	光缆交接箱安装	型号、安装位置与安装加固
		机架、光纤终端单元安装
		光纤连接线布放安装
		防雷接地处理
		标签标识均应清晰、完整、无误
3	光缆分纤箱安装	型号、安装位置与安装加固
		防雷接地处理
		标签标识均应清晰、完整、无误
4	光缆终端盒安装	型号、安装位置与安装加固
		防雷接地处理
		标签标识均应清晰、完整、无误
5	光缆插座盒安装	型号、安装位置与安装固定
6	光分路器安装	型号规格、安装方式和安装位置
		尾纤或跳线布放及端口保护
		标签标识均应清晰、完整、无误
7	光缆敷设	光缆及器材检查
		路由复测、光缆布放
		沟深及沟底处理、立杆洞深

续表

序号	验收子项	检验内容
7	光缆敷设	与其他设施间距
		沟坎加固等保护措施
		光缆金属构件的连接应符合设计要求
		接头盒位置及深度
		防水、防火与接地处理措施
		标签标识均应清晰、完整、无误
8	光缆成端与接续	光纤接续与余纤盘放处理
		防雷接地处理
		标签标识均应清晰、完整、无误
		光纤线路衰减应符合设计的性能指标要求

2.4.6　宽带网络验收评估

建设单位应建立验收评估机制，不定期地对工程验收工作进行检查评估。

验收评估主要评价验收规范的执行情况，主要关注验收的真实性、及时性、质量和安全达标情况以及相关资料的齐备情况。

2.5　宽带网络项目审计

2.5.1　审计目的

通过运用系统化和规范化的审计程序和方法，对宽带网络建设活动、内部控制和风险管理的适当性、合规性和有效性进行独立、客观的确认并提供咨询服务，协助改善公司治理、风险管理和控制过程，旨在增加宽带网络建设价值，改善宽带网络运营，促进宽带网络持续健康发展，服务公司战略目标。

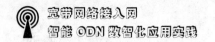

2.5.2　审计依据

（1）国有资产监督管理委员会于 2016 年 4 月 1 日印发的《关于进一步加强中央企业内部审计工作的通知》。

（2）审计署于 2016 年 5 月 17 日印发的《"十三五"国家审计工作发展规划》。

（3）中国移动通信集团 ×× 有限公司《中国移动通信集团 ×× 有限公司审计中介机构管理规范》[文件号 3.6.5.23（23）]。

（4）中国移动通信集团 ×× 有限公司《中国移动 ×× 公司 2021 年有线宽带项目建设管理办法（修订稿）》。

（5）中华人民共和国通信国家标准《通信线路工程设计规范》（GB 51158—2015）。

（6）中华人民共和国通信国家标准《通信线路工程验收规范》（GB 51171—2016）。

（7）中华人民共和国国家标准《架空光（电）缆通信杆路工程技术标准》（GB/T 51421—2020）。

（8）中华人民共和国通信行业标准《通信建设工程安全生产操作规范》（YD 5201—2014）。

（9）中华人民共和国通信行业标准《通信局（站）防雷与接地工程施工监理暂行规定》（YD 5219—2015）。

（10）中华人民共和国国家标准《通信工程建设环境保护技术标准》（GB/T 51391—2019）。

（11）中国移动通信集团 ×× 有限公司《×× 移动有线宽带接入网络规划建设指导意见》。

（12）中国移动通信集团 ×× 有限公司《中国移动 ×× 公司有线宽带项目投资及建设管理办法（试行）》。

（13）中国移动通信集团 ×× 有限公司《中国移动 ×× 公司有线宽带项目投资及建设管理办法（修订稿）》。

2.5.3　审计范围

审计范围包括从项目决策到项目竣工的全过程，项目决策阶段，流程是否合规，相关文件是否有审批手续，项目立项依据是否合规。项目实施阶段，主要由项目实施中参与方对项目工期、质量、安全、资金、工程量及相关流程的合规性等进行全方位审计。

2.5.4 审计案例

审计中常见案例有物资管理不规范、设计变更不规范、项目验收不规范、工作量错计或多计、资源不产生效益风险等，通过审计可以规避或减少常见问题，增加宽带网络建设价值。

[案例一：项目物资管理不规范]

A. 审计依据

根据《中国移动××公司2021年有线宽带项目建设管理办法》第二十条"最终请购物资应依据设计方案，禁止突破设计量"。

根据《中国移动××公司通信工程物资管理细则》第二十六条"严禁未经审批在不同的工程项目间直接挪用物资"。

B. 审计发现

a. 材料平衡表登记领用量与实际领用数量不一致

核查××分公司2021年敏捷接入项目、材料平衡表中采购量、实际到货量、领用量、使用量完全一致，致使结余量为零。实际材料平衡表领用量与实际领用数量不一致，故材料平衡表编辑不规范，失去其功效性。

b. 材料领用量与设计量差异较大

核查××分公司2021年全量敏捷接入的服务单位项目设计物资量与服务单位领用量，其领用量与设计量差异较大，未严格按照设计量领用物资。例如：光分路器服务单位领用5 096个，设计文件设计量为1 787个，差异比为-185.17%。

c. 项目余料管理不规范

核查服务单位领用量与服务完结文件报告物资使用工作量表，发现差异较大，测算主要材料多出库金额共计825 325.43元，占总出库材料金额的27.49%。分公司未按制度规定对余料办理退库手续或物资调拨手续，余料直接交由综合支撑队伍管理，未建立物资管理台账，分公司反馈已经直接用于其他项目，现场无法核实余料物资的真实去向。

C. 整改建议

（1）完善分公司库房管理规范，完善物资入库、领用、退库、定期盘点等流程。

（2）加强仓库的日常管理和对暂存点的实物、账务的管理和监督，保证物资安全，避免损失。

（3）严格按照设计规模领用物资，及时退回多领用部分。

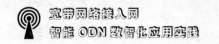

[案例二：设计变更不规范]

A. 审计依据

《中国移动通信集团××有限公司通信工程验收管理细则》中第十三条"（一）建设单位组织设计、施工、监理等相关合作单位及维护部门，根据设计要求及施工规范等对已施工完成的部分工程内容，进行工程量审核，施工工艺检验等"。

B. 审计发现

审计期间，××分公司宽带敏捷接入点位 368 个，经核查所有点位设计预算中材料情况，发现：

a. 部分设计预算材料数量与服务完结数量存在偏差，如水泥杆及木杆设计数量为 5 278 根，实际使用数量为 2 994 根，相差 2 284 根。

b. 提供点位设计图与服务完结图 51 个点位，抽查 51 个站点设计图纸与服务完结图，其中 49 个站点未按设计图进行建设且无设计变更。

服务完结验收中建设单位、设计单位、监理单位、服务单位均确认按照设计建设，均未尽到验收职责。

如：××县××镇××村站点服务完结图纸中全部光缆路由未按照设计路由进行布放，本站点设计图纸工作量布放光缆 2.1 公里、新建水泥杆 25 根、新建光分箱 16 个、光分器 18 块、使用接头盒 0 个，服务完结工作量布放光缆 3.5 公里、新建水泥杆 0 根、新建光分箱 11 个、使用光分器 13 个、使用接头盒 3 个，现场单点验收单中建设单位、监理单位、服务单位均签字确认按照设计施工。

C. 整改建议

（1）加强在建项目现场管理，严格按照设计施工，涉及变更方案的点位，设计变更后再实施。

（2）加强合作单位管理，组织区县公司、设计单位、服务中心、维护等多方共同参与查勘设计工作，对设计方案进行多维度评估，兼顾前瞻性和效益性，确保最优方案，避免浪费投资。

（3）宣贯有线宽带接入建设指导意见及管理办法，严格执行相关要求。

[案例三：项目验收不规范]

部分单位验收和验收复核未按规范执行。

A. 审计依据

根据《中国移动××公司 2021 年有线宽带接入建设指导意见》9.1.1 质量控制要求"区、县公司 100% 现场验收，市州公司现场抽检率 100%"。

根据《中国移动家庭宽带工程施工、验收规范》14.2 竣工验收"工程施工结束，施工单位向建设单位提交完工报告、竣工文件后，建设单位应组织设计、监理、施工单位对工程进行竣工验收"。

根据《中国移动××公司2021年有线宽带项目建设管理办法》第十七条"（三）区、县公司必须做到100%现场验收，市公司做到100%以上验收复核"。

根据《×州移动全业务家庭宽带单点建设管理规范》4.1市县三级现场质量管理"第三级：市公司抽查制度检查点位数量：不低于20%抽查比例"。

B. 审计发现

a. 区县部分验收未按规定执行

获取×州分公司宽带敏捷接入建设368个点位的单点验收单。结合现场实勘，发现因单点验收单填写不规范导致单点验收单与服务完结文件产生差异。抽取58份单点验收单与服务完结文件的工作量表进行对比，抽样占比为15.76%，发现以下问题：

（1）11个点位单点验收单填信息不完整，占抽样的18.97%。例如点位"××村（全归工单号2021170013141）"单点验收单未记录工作质量情况，也未填写验收时间。

（2）17个点位单点验收单填写工作量数据不准确，占抽样的29.31%。例如点位"××县农华村（全归工单号2021101300669）"单点验收记录为12个分光器，服务完结文件工作量表记录为14个分光器。

（3）22个点位现场工作质量与验收单不符，占抽样的37.93%。例如点位"××县清溪村（全归工单号2021170012975）"DP箱（指分纤箱）未做封堵，导致箱子中出现鸟窝，但验收单记录已做封堵，与事实不符。

b. 单点验收与竣工流程倒置

××公司宽带敏捷接入项目共建设368个点位，抽查138个点位验收单，占比为37.50%，发现其中7个点位存在时间逻辑问题，即先验收后竣工，流程倒置，问题点位占抽样比为5.07%。如点位"××县明星村（全规系统工单号：2021092200613）"单点验收单时间为2021年7月，早于竣工图纸时间2021年9月，不符合建设流程规范。

c. 市公司验收复核未按规定执行

现场审计期间，××分公司能够提供现场抽检记录47条，占全量站点比为12.77%，抽检比例未达省公司或分公司制度要求。其中40条仅有情况说明记录，缺少相关佐证资料。

C. 整改建议

（1）分公司验收人员进行相关培训，使其掌握验收规范和相关技术要求，为项目把好质量关。

（2）区县分公司应按指导意见和公司文件要求100%进行单点验收，严禁弄虚作假或不作为，对验收结果进行归档。

（3）在后面检查中发现已验收点位出现验收不严等问题时应对验收人员进行问责。

［案例四：工作量错计或多计］

部分工作量未按照建设管理规范执行或现场实际工作内容与服务完结图纸不符，导致

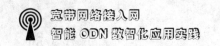

施工工作量计取错误，存在多结算施工费用的风险。

A. 审计依据

《中国移动××公司 2021 年有线宽带项目建设管理办法（修订稿）》第六章第二十一条第（三）点建设检查关键要素；《中国移动××公司 2021 年有线宽带接入建设指导意见》第六条项目管理要求；《中国移动家庭宽带工程施工、验收规范》第 7 条第 6 点光缆交接箱规范，第 7 点光缆分纤箱、光缆终端盒的安装规范，第 8 点光分路器安装规范及第 8 条线路敷设规范；《××移动综合业务接入区家客集客业务侧标签规范 V4.0》全部内容、《中国移动××公司工程建设质量管理细则》中第十九条"（八）工程施工必须严格遵循施工设计图纸的要求按图施工，不得擅自修改设计及偷工减料，施工过程应执行通信建设工程强制性标准"。

B. 审计发现

××公司宽带敏捷接入 368 个点位，抽查其中 25 个点位的资料进行现场踏勘，发现：

部分站点服务完结图纸内容与实际内容不符。① 10 个站点跳纤标签内容与服务完结图纸以及现场光分箱号不一致；② 3 个站点未贴标签。标签与现场不一致以及未贴标签影响后期光纤熔接、接线、安装设备、调测以及后期维修等。

所有点位均未制作拉线式地线、室外光缆未加吊牌或警示牌、墙壁光缆存在飞线等现象、与电力线交叉部分未加装套管进行保护、新立水泥杆或木杆埋深不足及新立水泥杆或木杆未进行喷码等。未做拉线警示管，过路警示管起不到保护拉线地锚杆、拉线卡头及光缆的作用；电杆埋深不足、分纤箱未做接地存在安全隐患，予以适当核减工程量。

抽查点位光缆长度准确率为 96.27%，予以核减。

对抽查资料中的设计图纸、完结图纸及《2021 年敏捷建设第一批工作量表及服务明细表》中服务明细表进行审核，结合现场情况，发现"集成一体化模块集成服务""硬质 PVC 管集成服务"不应计取，予以核减。

参照服务单位合同中"模块名称""服务内容明细"等内容进行审核，"尾纤标准化集成服务 3"服务单价计取错误，应计取"尾纤标准化集成服务 2"，予以核减。

根据上述发现，共计核减费用 522 291.18 元，审减率 8.99%。

C. 整改建议

（1）加大合作单位竣工资料审核力度，确保工作量真实、准确。

（2）根据审计结果进行费用决算。

（3）优化合作单位考核办法，竣工资料准确性与监理、施工单位考核挂钩。

[案例五：资源不产生效益风险]

部分 DP 箱入网后一直无接入，存在接入资源不产生效益的风险。

A. 审计依据

《中国移动××公司有线宽带项目投资及建设管理办法（修订稿）》（2021 年 8 月）

第十八条　项目评估"家宽新建入网 6 个月端口利用率不低于 30%"。

　　B. 审计发现

　　×× 分公司敏捷接入项目共计建设 368 个点位,其中 272 个点位的 1 293 个 DP 箱涉及二级分光器,可接入客户并直接产生收入。现场查勘发现,×× 分公司在宽带点位建成后未按制度要求针对性地开展宽带营销,仅在 2021 年 10 月开展了一次常态化的双节营销,且部分 DP 箱在建设初期未经评估或未经合理评估,导致 273 个 DP 箱合计 2 336 个端口建成后一直无使用记录,占比为 21.11%,其中最晚的 DP 箱入网时间为 2022 年 1 月,距现场审计日已超过 10 个月。

　　对 32 个零接入 DP 箱进行现场勘察,发现:

　　(1) 3 个 DP 箱存在过度建设的情况,占抽样比 9.4%,如"安置房小区"在 2018 年建设的部分 DP 箱无客户接入的情况下,2021 年 11 月又在原有箱体 10 米内建设了 13 号箱,导致新建 DP 箱也无客户使用。

　　(2) 1 个 DP 箱建成后位置交底不清晰、市场协同不到位,导致资源闲置。客户反映已经办理业务 1 个月,但渠道反映无空闲端口导致无法安装。现场查勘发现客户商铺门口的电杆上就有零接入的敏捷建设 DP 箱,且该 DP 箱所在"安置房小区"3 号箱自 2021 年 11 月建成后一直无客户接入。

　　C. 整改建议

　　(1) 对建成点位进行评估后,对未完成市场承诺的相关人员进行考核。

　　(2) 加强市场营销,尽可能早地取得效益。

2.5.5　整改措施

　　对在审计过程中发现的问题进行全面剖析,根据审计问题,各参建分公司应高度重视,围绕审计反馈的问题意见,组织相关责任部门,以问题为导向,举一反三,明确整改举措,补齐短板弱项。常用措施如下:

　　(1) 宣贯有线宽带接入建设指导意见及管理办法,严格执行相关要求。

　　(2) 加强合作单位管理,组织区县公司、设计单位、服务中心、维护方等多方共同参与查勘设计工作,对设计方案进行多维度评估,确保最优方案,避免浪费投资。

　　(3) 农村聚集区域原则上需要整体规划、一次性设计,确保满足潜在客户的需求,要求聚集区域短期内不再重复报需,同时对农村主干建设做到一次性满足。

　　(4) 针对设计、施工环节存在工作量不一致的情况,及时完成设计变更。确保送审阶段工作量与实际现场一致。

　　(5) 完善分公司库房管理规范,完善物资入库、领用、退库、定期盘点等流程。

　　(6) 加强仓库的日常管理和对暂存点的实物、账务的管理和监督,保证物资安全,避免损失。

（7）现场核验、天眼系统双渠道管控。区县公司对施工单位工作量进行 100％验收并核实，对核实通过的点位进行二次抽查，将最终抽查结果作为结算依据。

（8）加强现场监管，同时按天眼系统使用要求对合作单位使用情况进行定期通报，根据完成情况严格进行评估考核。

2.6 宽带网络项目建设指导意见

2.6.1 总体要求

宽带建设于国家而言，能推动经济增长、提升国家长期竞争力；于企业而言，能融合公司各项业务，使其高效发展、提高生产效率；于市场而言，有利于业务发展，经济效益与社会效益双结合。

宽带建设是市场发展的客观需要；是以服务客户为根本宗旨的切实体现；是强化客户感知价值、提升客户满意度的有力抓手和重要途径。

宽带建设需要更加聚焦建得准、建得快、建得好。宽带建设要坚持以市场为驱动，以打造行业领先宽带品牌为目标，按照"高起点、重协同、强支撑、促融合、低成本"原则，灵活采用多种手段，分区域、分场景开展网络精准覆盖，城镇开展同步覆盖，保持比肩强势竞对，农村拓展覆盖，构建差异化竞争能力，支持宽带市场增速领先，宽带客户份额实现赶超。

2.6.2 建设场景及原则

有线宽带网络的主要建设场景包括家宽、高校、集客三大类，其中家宽包含城区居民小区、乡镇居民小区和行政村（新农村聚集型、公路沿线型、自然村密集型、自然村分散型、丘陵偏远型）；高校包含高职、大中专类院校等；集客包含临街商铺（含商住一体）、聚类市场、产业园区、商务楼宇、宾馆酒店、行业客户（政府、金融、邮政、医院、中小学等重要的企事业单位）。场景定义见表 2-8。

表 2-8 有线宽带的主要建设场景类型

分类	类型		场景类型
家宽	城区居民小区		场景 1
	乡镇居民小区		场景 2
	行政村	新农村聚集型	场景 3
		公路沿线型	场景 4
		自然村密集型	场景 5
		自然村分散型	场景 6
		丘陵偏远型	场景 7
高校	高职、大中专院校		场景 8
集客	临街商铺（含商住一体）		场景 9
	聚类市场		场景 10
	产业园区		场景 11
	商务楼宇		场景 12
	酒店		场景 13
	行业客户（政府、金融、邮政、医院、中小学等重要的企事业单位）		场景 14

2.6.2.1 家宽场景

1）场景

场景 1：城区居民小区

城区居民小区指物理地址所属范围为主城区和县城区所辖区域的居民小区，主要为连片的高层和多层商住小区，住户规模大、密集程度高、客户对业务体验要求高、融合业务产品种类多，采用 FTTH 方式覆盖，见图 2-52。

图 2-52 有线宽带网络建设场景之城区居民小区

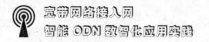

场景 2：乡镇居民小区

乡镇居民小区指物理地址所属范围为乡镇所辖区域的居民小区，介于城区和行政村之间的行政区划，主要为乡镇连片的高层或成型的多层商住小区、沿街自建房，住户规模较大、密集程度较高，客户对业务体验要求较高、融合业务产品种类较多，采用 FTTH 方式覆盖，见图 2-53。

图 2-53　有线宽带网络建设场景之乡镇居民小区

场景 3：新农村聚集型

新农村聚集型指有明显的聚集区域范围，住户基本聚集在该区域内的行政村，每个聚集区有 60 户以上住户，两个相邻聚集区距离 1 公里左右，见图 2-54。

图 2-54　有线宽带网络建设场景之新农村聚集型

场景 4：公路沿线型

公路沿线型指农村住户沿公路集中分布，连续分布在 1 公里以上的行政村，见图 2-55。

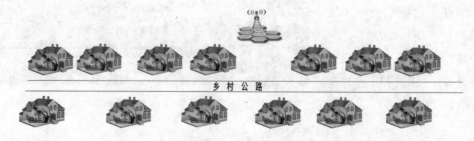

2-55　有线宽带网络建设场景之公路沿线型

场景 5：自然村密集型

自然村密集型指农村住户以自然村落分布，80％的自然村落有超过 20 户住户，自然村落间距一般在 500 米左右的行政村，见图 2-56。

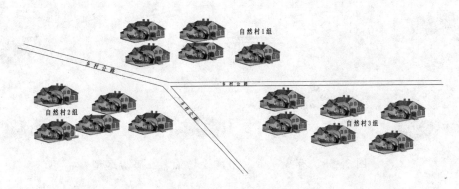

图 2-56　有线宽带网络建设场景之自然村密集型

场景 6：自然村分散型

自然村分散型指农村住户以自然村落分布，40％的自然村落有超过 20 户住户，60％为散居，自然村落间距一般在 700 米左右的行政村。仅对网络资源好、业务集中发展的区域酌情少量考虑有线方式，见图 2-57。

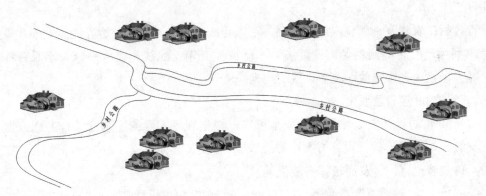

图 2-57　有线宽带网络建设场景之自然村分散型

场景 7：丘陵偏远型

丘陵偏远型指农村住户以自然村落分布，仅有 20％的自然村落有超过 20 户住户，其余离现有网络资源较远，一般分散在丘陵的行政村。可结合实际情况，结合普遍服务、精准扶贫等项目开展全覆盖，见图 2-58。

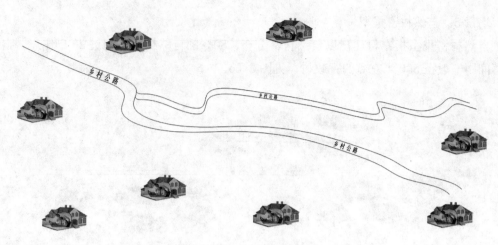

图 2-58   有线宽带网络建设场景之丘陵偏远型

2）场景建设原则

建设方式采用 FTTH、二级分光、1:64 分光比、配线比参考 50% 进行规划。

城区居民和乡镇小区：城镇居民小区的新建需求均纳入家庭宽带项目解决；城镇小区建设应统筹考虑，成片集中覆盖，主干建设充分利用现有的综合业务区等接入层资源；配线光缆根据居民小区住户情况灵活采用逐级递减或树形结构方式配置，原则上分路箱串联不超过 6 个。

行政村：农村宽带建设应统筹组网，不以行政区划为网络规划边界线。主干建设应充分考虑利用现有传输网资源，就近接入基站或光交箱；配线光缆应充分共享原有杆路资源，减少同路由光缆布放，灵活设置配线光缆汇聚点。

3）家宽 DP 箱设置原则

（1）DP 箱的设计安装位置必须安全可靠，根据现场实际情况进行综合考虑，便于协调、安装、装机及维护；设计方案中需体现 DP 箱安装具体位置（拍摄现场照片，指定 DP 箱的具体安装位置，含友商箱体安装位置）。

（2）单个 DP 箱覆盖客户数不超过 32 户，超过 32 户可设计 2 个及以上 DP 箱。

（3）DP 箱结合场景建设方式见表 2-9。

表 2-9　DP 箱结合场景建设方式

场景	建设场景	皮线接入模式	DP 箱安装位置要求	DP 箱挂高
场景 1 城区居民小区 场景 2 乡镇居民小区	无交接间住宅	开发商有皮线汇聚	必须安装在皮线汇聚点	弱电井 1～1.5 米，小区楼道 2 米左右，外墙 2～3 米，结合实际情况进行安装
		开发商无皮线，有友商 DP 箱	需贴近友商的 DP 箱位置进行设计	
		无皮线汇聚，无友商 DP 箱	新建设点位移动优先进场项目，DP 箱安装便于装维装机的位置，高层小区 DP 箱覆盖楼层不要超过 5 层	
	有交接间住宅	开发商有皮线汇聚	采用二级分光模式，一、二级分光器放置在一起	无
场景 3 新农村聚集型	无	无皮线汇聚	分纤箱设置为楼栋各单元分别进行安装，箱顶距离墙顶不小于 30 厘米，便于光缆进出	距离地面约 2.2 米，以减少人为影响
场景 4 公路沿线型 场景 5 自然村密集型 场景 6 自然村分散型 场景 7 丘陵偏远型	无	无皮线汇聚	首选民房外墙，次选自有杆路，避免安装在电力杆或其他运营商杆路上。皮线光缆接入距离控制在 150～200 米	2～3 米

2.6.2.2　高校场景

1）场景

场景 8：高校

高校有线宽带建设应综合考虑校园楼宇结构、业务发展及竞争需求，高校新建需求均纳入宽带项目解决，见图 2-59。采用 FTTH 方式建设，按二级分光、1:64 分光比、寝室和教师宿舍进行 100% 覆盖，以实现所有学生寝室和教师宿舍宽带覆盖。

图 2-59　有线宽带网络建设场景之高校

2）高校 DP 箱设置原则

（1）DP 箱的设计安装位置必须安全可靠，根据现场实际情况进行综合考虑，便于协调、安装、装机及维护；设计方案中需体现 DP 箱安装具体位置（拍摄现场照片，指定 DP

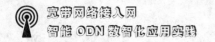

箱的具体安装位置，含友商箱体安装位置）。

（2）现场勘察时，若有多个友商箱体，可参考 DX 箱体位置设计。

（3）单个 DP 箱覆盖客户数不超过 32 户，超过 32 户可设计 2 个及以上 DP 箱。

（4）DP 箱结合场景建设方式见表 2-10。

表 2-10　DP 箱结合场景建设方式

场景	皮线接入模式	DP 箱安装位置要求	DP 箱挂高
场景 8 高校	无皮线汇聚	校方指定位置，DP 箱安装于便于装维装机的位置	1.5～2.5 米，结合校方安排进行安装

2.6.2.3　集客场景

1）场景

场景 9：临街商铺（含商住一体）

临街商铺主要分为商住综合体、商住分离区域、沿街商铺三类，见表 2-11。建设方式原则上采用 FTTH 方式，二级分光、总分光比为 1:64、端口覆盖率 60% 以上。

表 2-11　有线宽带网络建设场景之集客场景类型及其特点

场景	特点	图例
商住综合体	楼宇内分布，主要由多个独立商户和住宅构成，有宽带上网需求；商铺一般位于建筑体的下面多层，住宅用户位于建筑体商铺以上	
商住分离区域	商业区域与住宅小区分离，商业区域每个商铺独立，楼层一般为 3 层左右，每个商铺类似于一个家庭宽带	

续表

场景	特点	图例
沿街商铺	沿街道两侧分布的个体工商户（商铺一般是楼宇底层，楼宇上层为住家或商用），一个铺面类似于一个家庭宽带	

A. 商住综合体

商住综合体下层为商业区，上层为住宅区。商业区域为铺面全封闭，皮线光缆布放至弱电井，进行网络接入，见图 2-60。一级分光可设置在综合体或住宅小区内部，进行二级分光的接入。

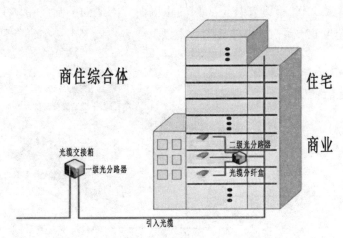

图 2-60　有线宽带网络建设场景之商住综合体示意图

B. 商住分离区

商住分离区域一般是商业和住宅建筑群，商业区域一般为 3 层左右的建筑体。由多个商铺组合而成，每一个商铺都类似于一个家庭客户，见图 2-61。对此类建筑，一般开发商已做好规划，可作为商场和商城使用。一级分光可设置在商业区内部，进行二级分光的接入。

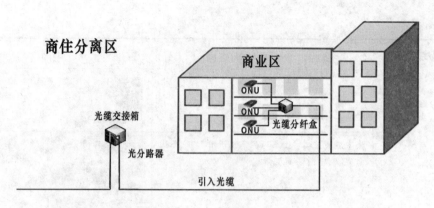

图 2-61　有线宽带网络建设场景之商住分离区示意图

C. 沿街商铺

沿街商铺是指聚集在同一街道的商铺群体，也包含临街的小区底商。结合现场实际情况，针对不同的场景，采用不同的覆盖方式进行用户接入，见图 2-62。一级分光器接入应优先考虑商铺附近小区内免跳接光交接入；其次可采用新设置分路箱或免跳接光交箱作为一级分光器设置点。DP 箱可安装于店招的正墙面 / 侧墙面 / 友商箱体旁。DP 箱至单客户的接入距离不超过 60 米；DP 箱挂高为 2 米以上；客户接入不跨街进行装维。

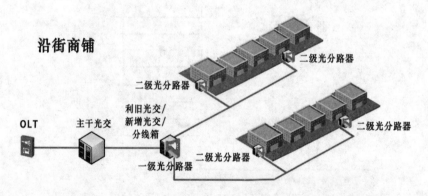

图 2-62　有线宽带网络建设场景之沿街商铺示意图

a. 优先利旧原有 DP 箱资源进行用户接入

区域内有宽带资源覆盖，结合现场情况，优先考虑采用原有 DP 箱资源对附近商铺进行装机，不再新建资源。

开放式店招：可将 DP 箱安装于商铺正墙面 / 侧墙面。

封闭式店招：由于场景特殊，可根据现场将 DP 箱安装于侧墙面 / 友商箱体旁。

b. 大开间商铺 / 单用户多铺面商户

大开间商铺 / 单用户多铺面商户与沿街底商场景建设模式类似，主要考虑商铺拆分之后远期端口覆盖问题。初期建设时，可根据商铺铺面数量 / 铺面的大小来进行端口预留设置。

场景 10：聚类市场

聚类市场主要是指城镇区域的图书批发市场、家具建材批发市场、小商品批发市场、农贸市场、机电市场、汽配市场等综合聚集区域，见图 2-63。专业市场地理位置相对集中，本类业务采用 FTTH 方式覆盖，二级分光模式，1:64 分光比，建设时箱体安装于市场各楼层户线汇聚点内，对区域内达到 100%覆盖，配线比为 60%以上。

图 2-63　有线宽带网络建设场景之聚类市场

场景 11：产业园区

产业园区指政府集中统一规划指定区域，区域内专门设置某类特定行业、形态的企业、公司等，进行统一管理，提高工业化的集约强度，突出产业特色，见图 2-64。该区域覆盖采用 FTTH 方式，二级分光模式，1:64 分光比，对区域内达到 100%覆盖，配线比参考 50%进行规划。

图 2-64　有线宽带网络建设场景之产业园区

场景 12：商务楼宇

商务楼宇主要指楼宇内分布有多个独立商户或独立办公区，见图 2-65。可采用 FTTH 方式覆盖，二级分光模式，1:64 分光比，建设时在写字楼各楼层设置二级分光点，对区域内写字楼客户达到 100%覆盖，配线比参考 50%进行规划。

图 2-65　有线宽带网络建设场景之商务楼宇

场景 13：酒店

主要指各地市区域内的酒店，见图 2-66。可采用 FTTH 方式覆盖，二级分光模式，1:64 分光比，建设时在各楼层设置二级分光点，完成所有房间 100% 覆盖，配线比为100%。

图 2-66　有线宽带网络建设场景之酒店

场景 14：行业客户

行业客户主要指各地市区域内金融公司、邮政、医院、中小学等重要的企事业单位，见图 2-67。本类采用 FTTH 方式覆盖，二级分光模式，1:64 分光比。已经签约行业客户可根据客户需求合理配置端口。

图 2-67　有线宽带网络建设场景之行业客户

2）集客 DP 箱设置原则

（1）DP 箱的设计安装位置必须安全可靠，根据现场实际情况进行综合考虑，便于协调、安装、装机及维护；设计方案中需体现 DP 箱安装具体位置（拍摄现场照片，指定 DP 箱的具体安装位置，含友商箱体安装位置）。

（2）现场勘察时，若有多个友商箱体，可参考 DX 箱体位置设计。

（3）单个 DP 箱覆盖客户数不超过 32 户，超过 32 户可设计 2 个及以上 DP 箱。

（4）对于多层商住一体小区，考虑装维布线方便，可以针对商铺和小区客户统一或分别设置 DP 箱。

（5）有皮线汇聚点：将 DP 箱安装于皮线汇聚点位置，放置 1:8 分光器 N 个（根据覆盖户数及覆盖率确定分光器个数）。

（6）无皮线汇聚点：结合商业区建筑结构，建议每层安装 DP 箱对客户进行覆盖，便于后期装机及维护。

（7）有友商覆盖：可结合友商箱体进行 DP 箱安装；后期装维可以考虑借助部分皮线进行装维。

（8）无友商覆盖：结合现场环境，考虑 DP 箱安装的安全性和稳定性，建议将 DP 箱安装在既不影响市容形象，又便于装维的位置。位置参考：沿街商铺的外墙面 / 侧墙面。

（9）对于商铺场景，DP 箱位置要充分考虑商铺制作店招对后续装机和维护的影响。

（10）由于沿街商铺建筑风格较多，为便于施工维护又不影响建筑美观，需将 DP 箱放在商铺外墙的合适位置（DP 箱位置要充分考虑商铺制作店招对后续装机和维护的影响），安装位置需与客户经理协调。建议安装位置为店招正墙面 / 侧墙面 / 友商箱体旁。

（11）单侧街道建设的端口应满足 100％覆盖；针对大开间的商铺 / 单用户多铺面商户，可适当增加覆盖端口数。

（12）DP 箱结合场景建设方式见表 2-12。

表 2-12　DP 箱结合场景建设的方式

场景	皮线接入模式	DP 箱安装位置要求	DP 箱挂高
场景 9 临街商铺（含商住一体）	开发商有皮线汇聚	安装在皮线汇聚点	离地 2～2.5 米位置
	开发商无皮线、友商有皮线汇聚	①优先选择靠近皮线绑扎的墙面区域	
		②狭小弱电井优先考虑安装在利于装维操作的墙面区域	
		③强弱电混用电井安装位置应远离强电走线区域	
	无皮线汇聚	优先选择便于布放皮线光缆至客户的位置，建议 DP 箱设计于商铺两端或业务点附近墙壁	

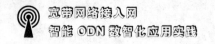

续表

场景	皮线接入模式	DP 箱安装位置要求	DP 箱挂高
场景 10 聚类市场	开发商有皮线汇聚	安装在皮线汇聚点	离地 2 ~ 2.5 米位置
场景 11 产业园区	无皮线汇聚	DP 箱安装在便于装维装机的位置，高层 DP 箱覆盖楼层不要超过 5 层	
场景 12 商务楼宇	开发商有皮线汇聚	安装在皮线汇聚点	
场景 13 酒店	开发商无皮线，有友商 DP 箱	需贴近友商（优先考虑 DX 箱体位置）的 DP 箱位置进行设计	弱电井 1 ~ 1.5 米，小区楼道 2 米左右，结合实际情况进行安装
	无皮线汇聚，无友商 DP 箱	新建设点位移动优先进场项目，DP 箱安装在便于装维装机的位置，高层 DP 箱覆盖楼层不要超过 5 层	
场景 14 行业客户	开发商有皮线汇聚	安装在皮线汇聚点	弱电井 1 ~ 1.5 米，小区楼道 2 米左右，结合实际情况进行安装
	开发商无皮线，有友商 DP 箱	需贴近友商（优先考虑 DX 箱体位置）的 DP 箱位置进行设计	
	无皮线汇聚，无友商 DP 箱	新建设点位移动优先进场项目，DP 箱安装在便于装维装机的位置，高层 DP 箱覆盖楼层不要超过 5 层	

2.6.3　降本增效措施

积极采用"新技术、新方法、严管控、共建共享"策略降低宽带造价。具体如下。

（1）新技术：各地市分公司要积极引入 10G GPON 设备、新增 PON 口板均为 16 口，农村均采用盒式 OLT 接入，减少后续新增整机带来的机房空间和电源占用，避免浪费；降低施工难度和综合造价。

（2）新方法：对拟覆盖区域市场细分，采用成片覆盖思路，对入住率高的大中型成熟小区适度提高配线比；与无线 / 集客项目统筹规划、减少重复协调和重复建设。如商务楼宇 \ 高校 \ 聚类市场等覆盖场景。

（3）严管控：严格按客户侧"1+1"方式进行光缆成端，按需建设、适度预留、避免浪费。加大综合业务区主干分纤点的覆盖广度和密度，部分区域可适度延伸至客户红线内，缩短业务开通时间。充分利用集中采购优势、合理降低采购价格。

（4）原则上新建杆路均采用水泥电杆，年平均湿度低于 60% 的地市区域（主要为四川三州及攀枝花）和不易搬迁的陡峭山区方可限量使用油木杆。农村建设末端电杆可采用预应力水泥电杆（φ130 毫米 ×7 000 毫米）或油木杆，有效降低光缆建设综合投入，实现敏捷建设。

（5）清、虚、占：分公司应组织专业人员应对敏捷扩容需求点位的端口进行全面清理，释放虚占端口，经核实无可用且无虚占的点位，才可纳入建设。

（6）共建共享：加大共建共享力度，在无移动自有资源情况下，优先利旧广电杆路、联通和 DX 杆路资源。

（7）短板能力补强：针对性开展城镇薄覆盖小区主干扩容。可单独立项，立项金额不超过当前批次切块金额的 5%，通过采用主干纤芯和一级分光器扩容的建设方式，来支撑后续按需开展的敏捷接入，快速交付端口。

（8）持续开展系统支撑：支撑施工提升质量、提高效率，请分公司配合做好功能验证和应用落地。

2.6.4　IT 化管理

2.6.4.1　全业务规划管理系统

为提升对全业务建设项目进度、成效的管控，优化流程，使流程易用、高效，让流程更加贴近一线实际生产方式，全业务规划管理系统已完成以下流程改造。

（1）全量信息上报流程：实现全量信息的增加、删除、修改等操作及审批。

（2）资金切块流程：实现省公司对地市公司资金切块的管理。

（3）立项批复及设计批复管理模块：实现省公司、地市公司对立项批复、设计批复的管理。

（4）敏捷建设（含敏捷接入）流程：实现新建及扩建点位的需求报送、查勘设计、需求评估、现场实施、资源入网等全流程贯通。

（5）敏捷扩容流程：实现扩容点位的需求收集、需求派发、现场实施、资源入网等全流程贯通。

（6）提供各类统计报表，满足从省公司到服务中心各层级的管理需求。

2.6.4.2　天眼系统

1）系统特点

天眼系统具有过程管理标准化、文档管理规范化、现场管理全方位、数据报表智能化、风险提示工作指引、知识积累和经验共享等 6 个特点，具体如下。

（1）过程管理标准化：包含建设管理标准化、任务执行标准化、计划驱动标准化。

（2）文档管理规范化：现场文档及时真实、项目资料实时共享、项目文档追溯保存。

（3）现场管理全方位：人员动态随时掌握、现场影像一目了然、关键环节管控到位。

（4）数据报表智能化：数据分析自定义、报表生成模板化、数据展现多样化。

（5）风险提示工作指引：安全风险事前掌握、工作任务实时指导、防范措施监督落实。

（6）知识积累经验共享：项目问题沉淀转化、作业环节警示推送、项目经验在线

共享。

天眼系统将监理、施工、设计、业主等资源进行有效集合，实现安全、质量、进度、投资的整体交付质量的提升。

2）系统框架

在天眼系统中，各个单位的职位与人员可以根据需求以及具体的项目需要自主进行成员编辑和选择。天眼系统中基础的角色框架见图 2-68。

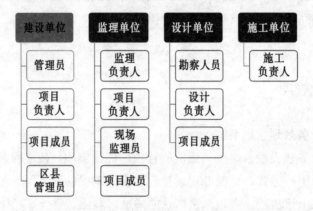

图 2-68　天眼系统中基础角色框架

3）相关要求

设计单位在设计阶段需完成天眼系统的设计勘察基本信息和设计会审图纸上传，具体详见表 2-13，其中设计会审图纸上传需包含路由图、系统图、纤芯配置图、交接箱端子占用图等（PDF 版），如实反馈现场情况。

表 2-13　设计单位在设计阶段需完成的相关工作

设计勘察基本信息	
*站点地址	文本
*设计现场勘察人员姓名及电话	文本
*勘察现场照片	请选择★（1~10 张）
设计会审图纸上传	
*是否列出施工安全的关键环节和风险防范措施	判断
*安全费是否足额计列	判断
*施工图纸是否完成内部审核	判断
设计会审时间	手动日期
*上传设计图纸	请选择★（1~10 张）

施工单位在施工阶段需完成天眼系统的施工进场前自查、光缆敷设、光缆交接箱安装、光缆分纤箱、DP 箱安装、光缆熔接及测试和单板的安装等工序。具体详见表 2-14。对新建杆路部分照片要求为第一根、转角及最后一根杆路的照片（照片中需体现 Logo、杆号、中继段等信息），如实反馈现场施工情况。

表 2-14　施工单位在施工阶段需完成的相关工作

施工进场前自查	
＊施工现场负责人、安全员姓名及电话	文本
＊施工人员携带施工图纸	拍摄纸质图纸＊（1~10 张）（仅限手机拍照）
＊设计图纸与现场情况一致	判断
设计图纸与现场比对照片	请选择＊（1~10 张）
＊施工人员工作证件、特种作业证照片	请选择＊（1~10 张）（仅限手机拍照）
＊现场安全技术交底过程照片	请选择＊（1~10 张）（仅限手机拍照）
＊现场已签字确认安全技术交底文件照片	请选择＊（1~10 张）（仅限手机拍照）
＊施工现场整体环境照片	请选择＊（1~10 张）（仅限手机拍照）
＊现场工器具及仪器仪表照片	请选择＊（1~10 张）（仅限手机拍照）
＊进场材料和设备照片	请选择＊（1~10 张）（仅限手机拍照）
＊施工现场的安全防护措施照片	请选择＊（1~10 张）（仅限手机拍照）
＊劳保用品照片	请选择＊（1~10 张）（仅限手机拍照）
光缆敷设	
高处作业过程（含带电测试）	高处作业过程照片、带电测试照片＊（2 张）（仅限手机拍照）
井下作业过程（含毒气检测）	井下作业过程照片、毒气检测照片＊（2 张）（仅限手机拍照）
三线交越时施工过程照片	请选择＊（1~10 张）（仅限手机拍照）
立杆作业过程（含杆洞深度、地锚坑深度、防雷措施等）	杆洞深度照片、地锚坑深度照片、防雷措施照片＊（3 张）（仅限手机拍照）
光缆固定安装工艺	光缆固定工艺照片＊（2 张）（仅限手机拍照）
光缆保护措施（人手孔内等）	壁挂光缆套管保护工艺照片、井孔内光缆套管保护及盘放照片＊（1~10 张）（仅限手机拍照）
光缆引上保护措施及封堵工艺	光缆引上保护照片、封堵工艺照片＊（1~10 张）（仅限手机拍照）

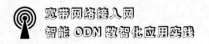

续表

直埋光缆沟开挖深度、宽度、回填情况	挖沟深度测量照片、挖沟宽度测量照片、回填情况照片★（3张）（仅限手机拍照）
★光缆盘留及预留长度	光缆预留整体情况照片★（1~10张）（仅限手机拍照）
光缆标识牌	至少拍摄两端吊牌，且能清晰识别吊牌文字信息★（3张）（仅限手机拍照）
光缆交接箱安装	
光缆交接箱底座尺寸及工艺	底座尺寸测量照片（长、宽、高）、底座整体照片★（4张）（仅限手机拍照）
落地式光缆交接箱安装工艺	膨胀螺丝、箱体安装后整体照片★（2张）（仅限手机拍照）
壁挂式光缆交接箱安装工艺	膨胀螺丝、箱体安装后整体照片★（2张）（仅限手机拍照）
★光缆交接箱地网及接地工艺	光交箱防雷接地、地网或角钢连接★（2张）（仅限手机拍照）
光缆分纤箱、DP 箱安装	
★光缆分纤箱、DP 箱固定工艺	光缆分纤箱、DP 箱固定（膨胀螺丝）照片★（1~10张）（仅限手机拍照）
光缆分纤箱、DP 箱接地工艺	光缆分纤箱、DP 箱接地情况★（1~10张）（仅限手机拍照）
★光缆分纤箱、DP 箱安装位置	请选择★（1~10张）（仅限手机拍照）
光缆熔接及测试	
★光缆熔接过程	光缆熔接过程照片★（1张）（仅限手机拍照）
光缆加强芯接地及固定	光缆加强芯接地及固定照片★（1张）（仅限手机拍照）
★纤芯盘放工艺	纤芯盘放照片★（1张）（仅限手机拍照）
光缆接头盒安装工艺	请选择★（1~10张）（仅限手机拍照）
光缆衰耗测试结果	请选择★（1~10张）（仅限手机拍照）
箱内孔洞封堵工艺	箱内孔洞封堵照片★（1~10张）（仅限手机拍照）
★光缆路由标签及分纤图	光缆路由标签及分纤图照片★（2张）（仅限手机拍照）
单板的安装	
单板的安装位置是否符合设计要求	请选择★（1张）
单板是否插装到位，是否牢固	单选
单板有无弯曲、断裂、歪针、缺针等损坏现象	单选

续表

佩戴防静电手环	佩戴防静电手环操作照片 ★（1张）（仅限手机拍照）
设备板卡指示灯检查	设备板卡指示灯照片 ★（1~10张）（仅限手机拍照）

监理单位在施工阶段需完成天眼系统的现场施工监理巡视工作，如实反馈现场施工质量情况，具体情况见表2-15。

表2-15 监理单位在工程完成时需做的相关工作

现场施工监理巡视	
施工队长姓名电话	文本
★现场施工人员持证照片	现场施工人员持证照片 ★（1~10张）
★施工安全技术交底记录	安全技术交底记录纸质文件照片 ★（1~10张）
★施工现场警示围蔽情况	施工现场警示围蔽情况照片 ★（1~10张）
★劳保用品和工器具情况	劳保用品和工器具照片 ★（1~10张）
★主要设备、材料检查	主要设备、材料照片以及合格证照片 ★（1~10张）
隐蔽工程检查	隐蔽工程检查照片 ★（1~10张）
抗震加固工艺检查	抗震加固工艺检查照片 ★（1~10张）
防雷接地工艺检查	防雷接地工艺检查照片 ★（1~10张）
孔洞封堵工艺检查	孔洞封堵工艺照片 ★（1~10张）
其他强制性标准检查	其他强制性标准检查照片 ★（1~10张）
施工工艺质量检查	施工工艺质量检查照片 ★（1~10张）
现场施工完成情况与设计图纸要求比对检查	文本
现场施工工程量计量	现场施工工程量计量照片 ★（1张）
高处作业检查	高处作业过程照片、带电测试照片、劳保用品穿戴照片 ★（3张）
井下作业检查	专人看守照片、井下通风照片、毒气检查照片、劳保用品穿戴照片 ★（4张）
涉电作业检查	电工证持证照片、工具绝缘处理照片、作业过程照片 ★（3张）
吊装作业检查	吊装作业操作证照片、现场围蔽照片、劳保用品穿戴照片、吊装作业过程照片 ★（4张）

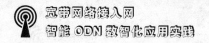
续表

割接作业检查	割接报告（申请）照片，割接过程照片★（2张）
动火作业检查	动火前周边环境照片、作业过程照片、相关人员证件照片★（3张）

2.6.5 项目全生命周期

项目全生命周期指的是一个项目从开始概念阶段到最终完成所经历的所有阶段，包括勘察设计阶段、物资采购阶段、工程实施阶段、工程验收阶段、审计归档阶段，见图 2-69。

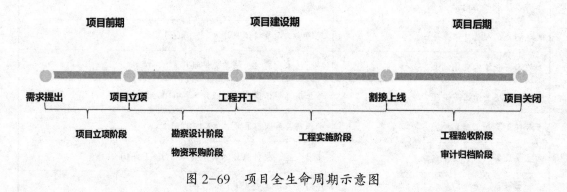

图 2-69 项目全生命周期示意图

家庭宽带项目：项目全生命周期为 20 个月，其中项目建设期 12 个月（含施工期 6 个月）。各阶段工期要求分别为：勘察设计阶段 6 个月，物资采购阶段 6 个月（与设计阶段并行），工程实施阶段 6 个月，工程验收阶段 6 个月，审计归档阶段 2 个月。

3　宽带网络维护

"数字中国"战略的实施和"互联网+"时代的深入必将进一步促进家庭宽带业务的快速发展。宽带业务开通、故障维护、投诉处理、业务割接、网络升级等方方面面都影响客户宽带使用感知，为确保宽带网络质量，提升客户的满意度，保障通信公司宽带战略的顺利实施，通信公司应推进宽带网络维护相关的开展及完成。

3.1　宽带网络装机

本章节主要介绍宽带接入业务的组网模式，网络结构，技术原理，宽带、电视、座机业务的开通、拆除、移机，业务受理流程，工单调度流程，现场施工流程。

3.1.1　家客网络支撑原理

PON是目前家庭宽带采用的主流技术，中国移动目前用于宽带接入的PON技术主要有GPON和X-GPON，一般以GPON为主。

比较流行的PON接入场景是FTTB和FTTH，现在主要采用FTTH接入方式。

1）FTTB模式

FTTB建设模式包含小区内新建光交箱（分光器）、楼道安装ONU、内/外线光缆及五类线的布放，如图3-1所示。

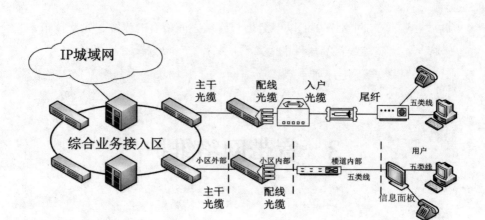

图 3-1　FTTB 的组网示意图

2）FTTH 模式

FTTH 是指将光网络单元安装在住家客户或企业客户处，是光纤直接到家庭。FTTH 的显著技术特点是不但提供更大的带宽，而且增强了网络对数据格式、速率、波长和协议的透明性，放宽了对环境条件和供电等要求，简化了维护和安装。

FTTH 建设模式包含小区内新建光交箱（分光器）、楼道安装分线箱；主干、配线及皮线光缆的布放，见图 3-2。

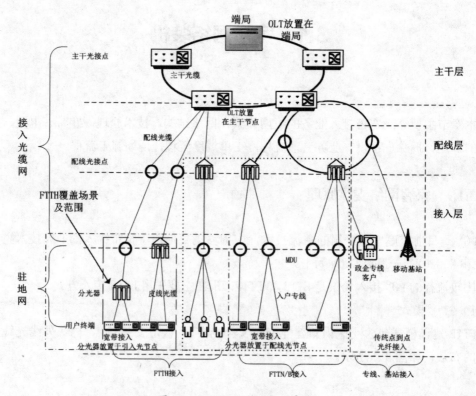

图 3-2　FTTH 组网示意图

* ODN 网络：PON 网络中 OLT 以下至用户终端之间所有的光缆、光交接箱、光分纤／分路、光接头等线路及器件的总称。
* 图中 FTTB 场景下全部属于接入光缆网，FTTH 场景下部分属于接入光缆网，其余部分属于驻地网。

在 FTTH 模式下，一般都是在小区选择合适的位置作为中心机房，中心机房部署机架、分光器设备、ODF 等设备，在小区各栋住宅楼弱电井内部署光缆分纤盒。小区外部主干光缆经管道接入小区机房，在 ODF 上成端并经分光器分光后接入各住宅楼弱电井内的分纤盒。配线段光缆经分纤盒成端分支后通过 2 芯皮线光缆引接至住户家中。

3.1.2　家客业务的组网建设模式

光分路器应综合考虑客户分布、纤芯资源和覆盖场景等合理选择，按实际需求选择一级或者二级分光。

对于 FTTH 应用，在客户较为分散、改造区域建设实施困难、末端接入纤芯数量较少等场景下可采用二级分光。

* FTTH 模式下，对于开发商负责建设户线的共建共享小区，分光器集中部署在光交箱内。对于皮线光缆未到户的情况，采用二级分光。对于多层建筑，分纤箱部署在楼栋单元内，对于高层建筑，每隔 8 层部署一个分纤箱。
* FTTB 模式采用一级分光；光分路器应综合考虑客户分布、业务密度、分光架构等情况，选择盒式、机架式等合适的类型。光分路器的设置应尽量靠近客户。
* FTTB 模式下，光分路器可安装于光交接箱、弱电井或小区机房。如小区规模很大，分区域集中设置。

1）一级分光

一级分光模式按照分光光分路器的设置方式分为两种类型，即集中设置方式和分散设置方式。

一级分光光分路器集中设置方式是指光分路器集中设置在小区内的免跳接光配线箱（小区光交）内。建设初期，PON 口占用数少，光分路器端口初级利用率最高。

一级分光光分路器分散设置方式是指光分路器分散设置在光交箱内、单元的分光分纤箱内。建设初期 PON 口占用数最多，光分路器端口利用率最低。

2）二级分光

二级分光建设模式与传统一级分光建设模式在主辅配线层和引入层建设基本一致，在小区内 ODN 建设存在一定差异。小区光交采用插片式光交和光分纤箱，方便进行不同分光比的分光器的安装和扩容。

二级分光建设模式优点：

（1）有效降低建设成本，提升投资效益；更加适合现阶段的建设需求。

（2）组网灵活，扩容快速；装维工作量小，配线资料精准。

二级分光建设模式适用场景：

（1）大中型居民小区、管孔资源紧张的小区、高层小区。

（2）范围相对较大、客户较稀疏的区域。

3.1.3　家客业务的开通支撑手段概述

支撑家庭宽带开通的支撑系统主要有网管系统、Radius 认证服务器（AAA 认证服务器）、资源管理系统等。

在家客业务办理过程中，支撑手段主要实现资源数据流、业务办理流两大功能。具体如下：

（1）家客资源生成流，由网管系统通过自动采集或人工录入的方式，将接入网承载家客业务的设备／端口信息及其对应的标准、覆盖地址，从后台同步至前台关联呈现，供前台营业厅人员直接办理开户业务。

（2）家客业务办理流程，由前台营业员根据客户地址，查询资源预覆盖情况后发起，包括生成宽带账号、完成资源自动激活（打开／关闭端口、VLAN 局数据制作等）、派发施工单、完成外线施工并测试回复工单，完成业务开通。

3.1.4　家客的开通实施流程

3.1.4.1　新装机流程

流程适用场景：单开宽带、单开电视、同时开宽带 + 电视、同时开宽带 +IMS（IP 多媒体系统）等。

"新装机流程"包含六大环节，分别是业务受理—资源分配和数据制作—工单调度—工单施工—工单回访—工单归档。

1）业务受理

业务受理指通过前台营业厅、网厅等渠道，查询预覆盖情况，受理用户需求，生成开通施工单。

A. 受理用户需求

客户申请开通，前台在 PBOSS（业务运营支撑系统）等营业系统中发起开通流程。

B. 确认资源

前台人员向客户询问详细的安装地址，通过模糊查询或 GIS（地理信息系统）地图定位获取资源覆盖情况，判断是否具备办理条件。

（1）若无覆盖，或有覆盖但无空闲端口，则耐心向客户解释并终止业务开通申请，并生成资源建设预登记。

（2）若有覆盖，并有空闲端口，则进入业务办理。

C. 账号生成

选定产品后，PBOSS 等营业系统生成宽带账号、电视账号、IMS 语音账号。

D. 确认终端

在前台办理业务时，需根据所办业务类型选定光猫、机顶盒、IMS 话机等终端类型、数量，填入订单。终端领取有两种方式。

第 1 种方式：由用户在前台自行领取。前台人员可通过扫码，记录发放的终端品牌、MAC（媒体访问控制）地址等信息，同步至后台，实现终端自动激活或终端库存管理。

第 2 种方式：由装维上门安装时携带。在装机现场扫 MAC 完成终端激活认证。

E. 预约安装时间，生成施工单

前台人员办理业务时，将用户指定的预约安装时间记录到工单中，生成施工单。

2）资源分配和数据制作

施工单通过网管平台、激活平台、终端管理模块自动进行资源分配、数据激活、终端激活工作。若自动分配、激活失败，由后台维护人员人工干预后再继续流转。

A. 订单受理与审核

订单到达业务开通模块，系统自动流转受理订单。

B. 资源分配

通过与资管模块交互，根据业务受理和开户地址信息，查询地址资源所关联的网络设备端口或纤芯信息，自动生成可用的链路路由，进行地址、设备、端口、管线纤芯、VLAN 等资源预占。

（1）FTTH 接入方式：根据覆盖范围自动分配分光器及端口，并带出该分光器归属的光分纤箱和端口，资源预占成功，则进行数据制作。

（2）FTTB 接入方式：根据覆盖范围为用户自动分配 ONU 设备、ONU 端口，并根据 ONU 设备名称自动带出与 ONU 级联交换机和端口。

C. 数据制作

（1）FTTH 接入方式：根据分光器带出 OLT 设备名称、OLT 主用 PON 口，根据 OLT 设备 + 主用 PON 口带出 SVLAN、CVLAN[①]，并自动生成 ONU 设备名称（ONU 名称根据"覆盖范围 + 客户名称 +ONU"自动生成）、PASSWORD（密码）。

通过激活模块实现：① SFU（单个家庭用户单元）或 HGU（家庭网关单元）通过 PON 网管，完成终端的注册，如单播、组播、网络数据配置；② HGU 通过终端管理模块，完成宽带、电视和语音业务的账号密码下发；③业务平台完成电视用户账号的管理，以及电视用户与其对应电视套餐的管理；④对接 AAA，完成宽带业务账号、密码和带宽的管理。

（2）FTTB 接入方式：系统根据 ONU 自动带出归属 OLT 设备名称、主用 PON 口，根据

---

① SVLAN 和 CVLAN 是网络中虚拟局域网的两种类型。

OLT 设备 + 端口带出 SVLAN、CVLAN，数据自动激活模块进行 FTTB 数据配置。

D. 派发装机工单

资源预占、自动激活完成后，派单到工单调度模块。

3）工单调度

完成激活后的工单，调度派发至相应网格的装维人员，在要求时限内完成安装。

工单通过系统直派一线。系统根据预设的小区 / 网格和装维人员的对应关系，将装机工单直派一线网格化班组或装维人员，确保小区装维工作对应到人。

在调度环节，需要增加退单审核机制。

若遇到用户、前台、网络、建设等问题不能施工时，装维人员在装机工单管理系统及手机 APP 上按集团要求的装机退单分类原则，规范选填一级和二级退单原因，提交退单申请。

工单调度单位根据工单详情、回访记录、录音文件或外呼用户的方式，对退单进行初核。不符合退单要求的，驳回并让装维人员处理。符合退单要求的，工单调度单位将装机工单驳回至前台，由前台人员与客户联系核实后，办理退单手续。

装机退单原因分类见表 3-1。

表 3-1　装机退单原因

退单原因一级分类	序号	退单原因二级分类
用户原因	1	用户明确表示不安装
	2	用户短期内不安装
	3	用户长期无法联系或拒接电话
	4	用户 / 邻居 / 物业不同意走明线、飞线、穿墙等协调问题
	5	客户需求变更，如更改资费套餐或用户改装机地址等
	6	用户信息箱无电源，且用户不同意 PoE（以太网供电）
	7	用户不愿买交换机（一般为校园宽带）
前台原因	1	前台选择地址与实际严重不符，如跨小区、跨 OLT 等
	2	前台同小区内选错地址，但用户实际安装地址未覆盖
	3	用户不知情开通
	4	前台重复派单、派单错误（含接入类型错误）
	5	前台未派终端设备工单或终端设备派发错误

续表

退单原因一级分类	序号	退单原因二级分类
前台原因	6	前台业务办理错误（如少办业务、套餐错误或电视牌照方错误等）
	7	前台营销人员宣传与实际严重不符
	8	前台提供的客户联系人和联系方式错误
网络原因	1	无法入户（入户管道已被其他运营商占用等）
	2	设备端口或箱体资源已满，但扩容无法实施
	3	装机地址在资管系统中，但实际未覆盖，不能安装
	4	移动网速无法满足用户玩游戏等要求
	5	不能访问用户需求的网站（封堵网站）
	6	用户需要固定的 IP 地址
建设原因	1	无路由（如跨路无附挂、箱体布放位置不合理等）
	2	开发商投资新建的小区户线不通且无法穿线
	3	老旧小区共建共享线路不通且无法穿线
	4	工程未完工
其他原因	1	自建测试单
	2	其他

4）工单施工

装维人员按工单要求，完成上门预约、现场布线、操作演示、质量测试、标签粘贴、拍照等工作。

A. 装维受理工单

装维人员接收到短信通知后，2 小时内，可通过手机 APP 接收工单。服务时限等要求，参照宽带客户服务规范执行。

B. 预约上门时间

装维人员通过 APP 发起电话预约，系统录音，作为延迟装机或退单依据。

若预约成功，装维人员按时上门安装。对于用户延期超过 48 小时的，工单可执行挂起。

若预约失败，多次联系不上用户或用户表示不安装，退单至调度单位审核后，驳回至前台。

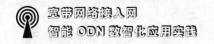
C. 确认施工方案

（1）确认资源：装维核实现场资源，若无资源，备注原因，进行退单。

（2）确认布线方案：若资源具备，制定布线等方案，并告知用户，征得用户同意后，开始施工。

若用户不同意或不具备安装条件，退单至调度单位审核后，驳回至前台。

D. 布线、设备激活

（1）SFU 光猫：若采用 PASSWORD 认证，网线连接光猫 1 口，访问管理网页，输入 PASSWORD，激活设备。

（2）HGU 光猫：若采用 PASSWORD 认证，网线连接光猫 1 口，访问管理网页，输入 PASSWORD，激活设备，等待 RMS 下发账号密码，完成业务开通。

（3）机顶盒激活：扫描 MAC 后，RMS（智慧远程运维系统）识别该电视账号下的机顶盒 MAC 地址和事先在 AAA 录入信息一致，则成功激活机顶盒。机顶盒与 ONT 或路由器之间有线连接。如用户使用多口光猫，应使用第二口进行设备连接。

（4）IMS 激活：SFU 由激活系统下发账号密码，HGU 由 RMS 系统下发 IMS 账号，电话线连接光猫 POS 口。

现场施工要求，参照宽带装机工艺规范执行。

E. 装机质量检测

组织开通代维人员进行现场装机质量测试，将最终测试结果送回系统，用于质检，确保业务可用性和装机真实性。具体的标准如下。

（1）获取资源：通过 PASSWORD 获取用户资源，可验证用户是否关联资源，如分光器名称、ONU 名称、PON 口、VLAN、OLTIP 等。

（2）信息一致：获取用户 AAA 信息，可验证用户上下行带宽、用户是否在线、资管与 AAA 的内外层 VLAN 信息一致性、用户实际接入 PON 口资源准确性。

（3）速率达标：验证网速达标率，如网速不低于签约带宽的 90%。

（4）质量可靠：验证线路质量达标，如丢包测试、宽带通断测试、OLT 收发送光功率、ONU 收发光功率及上下行光衰达标率。

F. 用户指导

用户指导包括打开一个网页、发一封邮件、播放一段视频、现场测速、机顶盒操作、电视或 IMS 业务使用介绍、遥控器使用、指导常见故障处理方法等。参照装维手册执行。

G. 粘贴标签

在分纤箱内端口粘贴资源标签，光猫等终端粘贴账号、售后服务标签等。资源标签参照宽带标签规范执行。

H. 拍照上传

通过 APP 拍照并上传：①室外皮线布放路由照片（主要为箱体出口处）；②二级光分箱内用户侧线缆及标签照片近景；③光猫及机顶盒安装照（含布线和用户标签粘贴）；

④客户验收评价表照片；⑤宽带助手安装结果（非必传项）。

I. 装维回单

装维人员可在 APP 上回单，并将终端耗材录入回填。

J. 工单回访

业务开通后，为确保业务开通的规范性、真实性和提升客户感知，开展装机全量回访。

回访结果作为工单归档的条件。若用户表示宽带 \ 电视 \IMS 未安装或无法正常使用，工单驳回至装维人员重新处理。若用户表示无异常，工单将进入归档环节。回访时用户表示不满意的情况，应建立闭环流程跟踪处理。通过人工抽检等形式确定用户不满意原因，跟踪处理。

K. 工单归档

回访通过后，工单归档计费。

3.1.4.2 拆机流程

流程适用场景：系统判断或用户申请拆除宽带、电视、IMS 业务。

拆机流程有六大环节，分别是业务受理—资源去激活—工单调度—现场施工—资源释放—工单归档。

1）业务受理

用户主动发起销户申请或用户欠费停机后，营业厅等渠道受理用户销户需求，通过业务受理系统，受理用户需求，形成拆机工单。

（1）系统自动判断用户的业务状态。

（2）办理用户的拆机业务。

（3）注销用户账号信息。

（4）系统生成拆机工单。

2）资源去激活

（1）通过激活平台实现 PON 口、设备端口去激活，从系统上删除用户相关业务数据，实现资源自动去激活。

（2）如果系统自动去激活失败，则由人工干预进行去激活。

3）工单调度

拆机去激活成功之后，工单派发至相应网格装维人员，在时限范围内处理。装维人员通过手机 APP 受理拆机单。

4）现场施工

（1）线路拆除：装维人员根据 APP 提供的设备名称、用户信息完成拆机用户的现场线缆拆除、端口释放等工作（如 2 级分光器出端尾纤从端口拔出等）。对入户光缆所占用末端分光器端口进行释放，拆除掉线缆。可保留在箱体内，并增加"已拆机"字样，供后期

复用。

（2）终端回收：视终端回收政策，设置回收环节。

若装维人员上门回收终端，由装维人员预约客户，按时上门处理。

若前台回收，在前台受理拆机业务时，告知用户凭押金条至前台退款。

（3）拍照上传：为确保占用的端口资源现场释放，可通过现场照片或 GIS 留痕等方式进行人工质检，进行全量自动质检。

（4）装维回单：装维在 APP 回单。

5）资源释放

删除开通时资管模块的 PON 网络设备、端口（包括分光器及端口、OLT 及 PON 口、ONU 及端口、VLAN 信息），设备端口、VLAN 状态由"占用"改为"空闲"，FTTH 删除 ONU；从资管系统上对用户数据进行全部更新释放。

一级分光小区应在光交箱和分纤箱分别进行端口释放，二级分光小区仅需在分纤箱进行端口释放。

6）工单归档

完成资源释放后，系统自动归档。

3.1.4.3 移机流程

流程适用场景：用户已办宽带或电视或宽带 + 电视或宽带 +IMS，即承载在宽带网络的业务安装地址发生变更。

移机流程 = 装机流程 + 拆机流程，移机流程见图 3-3。

图 3-3 移机流程示意图

流程说明：

1）业务受理

用户主动发起移机申请后，营业厅等渠道查询新地址覆盖信息，符合移机条件的，受理用户移机需求，通过业务受理系统，产生移机工单。

2）装机环节

参考上文"新装机流程"。

3）拆机环节

参考上文"拆机流程"。

4）工单归档

需装维人员全部完成装机和移机环节的工作后将两个环节分别提交至结束状态，完成移机工作流程归档。

5）工单回访

回访合格工单，进入归档环节。不合格工单，驳回装维人员处理。具体参考"新装机流程"的回访。

6）工单归档

在具体执行工作中需要关注：

（1）PASSWORD 认证，可先装后拆。

（2）装机和拆机工单分派给新、旧地址所属网格的装维人员处理。

（3）设备替换。移机涉及客户地址变更，变更后的装机区域上层网管设备可能发生变化，因此，各网管厂商的设备应当互相兼容。针对设备不兼容问题，可根据实际情况为装维人员配置不同类型的光猫备件，便于现场施工。设备替换后，原设备应予以回收，按照"以旧换旧"原则，纳入备件管理。

（4）端口释放。为确保资源可用率，应及时释放移机工单的原设备现场端口。

3.1.4.4　业务叠加流程

流程适用场景：用户在已有宽带业务的前提下，申请叠加开通电视或 IMS 业务。

叠加业务流程有六大环节，分别是业务受理—数据端口配置—工单调度—工单施工—工单回访—工单归档。

1）业务受理

工作人员通过前台营业厅、网厅等渠道查询用户信息，若用户具备叠加业务开通条件，则受理用户需求，生成叠加业务施工单。

（1）受理用户需求。

（2）确认是否具备叠加条件。

a. 判断宽带业务：查询用户是否已有宽带业务，若有宽带业务，进入下一步环节。若无宽带业务，需按新装机流程开户。

b. 判断宽带接入方式：针对电视业务有单独通道的情况，用户接入类型为 FTTB 或 ADSL，前台可在工单上备注需装维并携带智能网关，或装维人员见单后，根据接入类型，自行携带相关设备上门。IMS 业务叠加同电视。

（3）账号生成。生成电视账号或者 IMS 账号。

（4）确认终端。办理电视业务，需多口光猫；办理 IMS 业务，需 POS 口光猫。若用户终端不具备条件，可在前台交押金领取终端，或前台在工单上备注由装维人员携带终端上门。

（5）预约安装时间，生成施工单。

2）数据端口配置

网管平台根据业务需要，重新下发数据配置，对电视业务或 IMS 业务的 VLAN 进行配置。

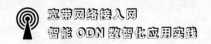

3）工单调度

参照"新装机流程"。

4）工单施工

参照"新装机流程"。

5）工单回访

参照"新装机流程"。

6）工单归档

参照"新装机流程"。

3.1.5　自动激活

3.1.5.1　FTTB 局数据配置

FTTB 按照局端预配置数据的程度，在工程阶段预先完成 OLT/ONU 的业务配置，并进行相应的业务验收，完成测试后，将业务测试端口全部关闭。在业务开通阶段只需要激活相应的 ONU 端口即可。

业务开通时需要注意事项：

（1）要求 FTTB 在部署阶段能够实现 MDU 在 EMS 网络上可管理，需要预配置 MDU 的业务流以及 OLT 上相应的业务流。

（2）激活指令实现端口的开通。

（3）相应端口的限速工作，放在 BRAS（宽带接入服务器）完成。

3.1.5.2　FTTH 自动激活

1）FTTH 业务数据配置

（1）SFU 光猫，通过 OLT 下发光猫配置数据。

（2）HGU 光猫，通过 RMS 下发光猫配置数据。

2）FTTH 认证方式

根据集团规范，光猫认证方式一般有两种，分别是 PASSWORD 和 SN（序列号）认证。四川省为 PASSWORD 认证，见表 3-2。

表 3-2　光猫认证方式

比较项	PASSWORD 认证	SN 认证	备注
系统实现	需 PBOSS 系统分配 PASSWORD，进行分配管理、规则管理、回收管理，PASSWORD 可在任何光猫使用	需在 PBOSS 系统或后台终端管理系统通过终端分配到装维班组，建立和代维个人的关联，实现自动关联 ONT SN 码。SN 是光猫的全网唯一标识。对于尚未建立终端管理系统的可采取由人工录入或 APP 扫码，将 SN 码录入系统进行班组关联或工单关联	PBOSS 均需改造，新增支撑功能
配置激活	根据激活工单中的 PASSWORD，进行 ONT 配置激活	根据前台下发（关联）的 ONT SN 等参数进行 ONT 的配置激活	激活系统工作量相同，仅实现方式不同
现场安装	装维现场需用 PC 连接 ONU 输入 PASSWORD。若无电脑，可通过手机连接无线路由器或光猫输入 PASSWORD	即插即用	SN 将 PASSWORD 现场工作，移至后台完成。从工作量看基本相当，仅一个在现场，一个在后台操作。如结合了终端管理系统自动分配的则 SN 工作量少些，现场操作简单些
终端更换	可拿任意 ONT 进行更换，现场需用 PC 或手机连接 ONU 输入 PASSWORD	需后台更换新 ONT 的 SN，相应支撑系统在 OLT 上完成更改 ONT SN 配置，或通过 APP 或工具更改 ONT SN	若有 APP 等工具支撑，SN 认证操作简单，更换需现场使用 APP 录入 SN，由 APP 自动更改后台 SN。若无 APP 等工具支撑，SN 认证工作量大于 PASSWORD

3.1.5.3　机顶盒自动激活

机顶盒自动激活可采用 MAC 或 STBID（机顶盒标识符）认证，由系统进行数据制作及自动下发，实现机顶盒自动激活业务开通。四川省为分省模式，采用 MAC 地址认证。

机顶盒激活方式有两种，各地市根据实际情况选用。

（1）前向激活方式：由营业员扫描 MAC，受理时选取机顶盒（机顶盒提前入库），MAC 地址随开通工单下派到 RMS 系统，设备注册上线完成 MAC 证后即进行自动业务下发，数据制作完全由系统生成，现场开通，实现装维零配置。

（2）后向激活方式：由装维人员上门安装时携带机顶盒，在装机现场扫描 MAC，通过 APP 将信息回传至 RMS 系统，由 RMS 设备注册上线完成 MAC 认证后即进行自动业务下发，数据制作完全由系统生成，现场开通实现装维零配置。

机顶盒自动激活需要注意事项如下。

（1）机顶盒终端出厂预配置：终端出厂前需要根据业务需求制定配置信息，包括 RMS 系统管理地址、机顶盒 DHCP/AAA 认证账号／密码、RMS 认证终端账号／密码、升级地址、

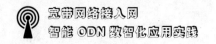

TR069 开关等。

（2）业务下发：工单将机顶盒 MAC、相关业务账号、密码（密文）等信息传送给 RMS 系统，装维人员在现场完成相关线缆的连接后，在机顶盒上报注册信息，RMS 系统接收到设备注册信息，通过 MAC 认证后自动下发业务账号、密码配置，即可实现业务开通。

3.2　宽带网络故障维修

3.2.1　定义

故障处理流程是处理家庭宽带网络来自设备告警、性能异常、大面积用户投诉的流程。

3.2.2　目的

故障处理流程的目的是明确各级职责、技术要求、处理时限、缩短故障处理历时、提高处理及时率、快速恢复业务、保障网络正常运行。

3.2.3　流程适用范围

流程适用于处理家庭宽带网络故障。

3.2.4　流程说明

3.2.4.1　流程起点

地市网络部门接受来自省公司的告警监控流程、作业计划流程、日常维护发现故障而派发的故障工单，或者根据客服部门的大面积客户投诉建立的故障工单。

3.2.4.2　流程终点

工单报结、归档、质检。

（1）省公司监控如发现 PON 设备脱管或批量客户投诉，则判断为大网设备故障，于是将故障工单派发至网络维护人员要求其进行处理；如判断是接入线路区域问题，则派发故障工单至家宽网络装维人员进行处理。

（2）PON 设备维护人员接收到故障工单后进行分析和预处理，判断是否需要现场处理。完成故障处理后汇总投诉处理情况，将故障处理结果回复给省监控室。

（3）家宽装维人员接到故障工单后进行分析和预处理，判断是否需要装维人员上门处理。完成故障处理后汇总投诉处理情况，回复故障处理结果。

3.2.5　故障信息通告流程

3.2.5.1　定义

故障信息上报流程是故障发生后监控人员根据故障发生的级别向各级领导报告故障情况的过程及向市场、营销、客服等部门发布信息的过程。

3.2.5.2　目的

其目的是通过明确发生故障信息上报的主要环节及各环节的评估标准，降低网络中断对业务的影响。

3.2.5.3　流程适用范围

本流程适用于集团重大故障、省内重要故障。

3.2.5.4　集团重大故障上报流程关键步骤

（1）发现故障。省网络管理中心监控室通过网管系统发现、收集故障。

（2）口头上报。网管中心监控室发现集团重大故障需在 8 分钟内电话通知监控室领导、省网络部。

（3）通知相关维护部门。网管中心监控室发现集团重大故障需在 8 分钟内电话通知相关的设备维护人员及领导。

（4）故障处理。设备维护人员对故障进行处理，尽快恢复业务，上报故障原因及初步处理过程。

（5）故障信息发布。省网管中心根据地市公司及相关维护部门上报的故障原因及初步处理过程，15 分钟内发布故障发生短信，在故障恢复 30 分钟内发布故障恢复短信。故障信息发布人员包括省公司分管副总，网络部、网络管理中心、全业务支撑中心领导及相关专业管理人员，相关地市分管副总、网络部、全业务支撑中心经理。

（6）书面报告。各分公司及相关维护单位需要在故障发生后 2 小时内通过 EOMS（电子运维系统）工单回复故障原因及故障处理情况，24 小时内经各分公司接口故障主管审核上报故障分析报告。

3.2.5.5 省内重要故障上报流程关键步骤

（1）发现故障。省网络管理中心监控室通过网管系统发现、收集故障。

（2）口头上报。省网管中心监控室发现省内重要故障后需要在 8 分钟之内通知监控室领导、省网络部、全业务支撑中心。

（3）通知相关维护部门。省网管中心监控室发现省内重要故障需要在 8 分钟之内通知相关的设备维护人员及领导。

（4）接收故障信息。省网络部、全业务支撑中心收集故障信息。

（5）故障处理。设备维护人员对故障进行处理，尽快恢复业务，上报故障原因及初步处理过程。

（6）故障信息发布。网管中心根据地市公司及相关维护部门上报的故障原因及初步处理过程，在 30 分钟内发布故障发生短信，在故障恢复 30 分钟内发布故障恢复短信。故障信息发布人员包括省公司分管副总，网络部、网管中心、全业务支撑中心领导及相关专业管理人员，相关地市分管副总，网络部、全业务支撑中心经理。

（7）书面报告。各分公司及相关维护单位需要在故障发生后 2 小时内通过 EOMS 工单回复故障原因及故障处理情况，24 小时内经各分公司接口故障主管审核上报故障分析报告至网管监控中心。

（8）收集重大故障报告。省网管局收集重大故障报告，流程结束。

3.3 宽带网络投诉处理

3.3.1 投诉故障处理要求和操作规范

（1）维护人员负责有线宽带用户投诉故障的现场处理，上门修障时间为早 08:00 至晚 08:00，要求自收到投诉处理工单起，在规定时限内完成障碍排除。

（2）维护人员必须严格遵守"首问负责制"与"第一责任制度"，做到热情诚恳、积极主动、服务周到、处理及时、客户满意。其中，"首问责任制"指首问责任人必须尽自己所能为服务对象提供最满意的服务，直至问题得到解决或给予明确的答复；"首问责任人"是指客户接触的移动公司第一个人。"第一责任制度"指在同一责任片区若存在多个维护人员时，必须指定一个第一责任人，负责调度处理本责任片区中的投诉故障。

（3）故障处理时应遵循"先本端后对端、先全网后本地、先重点后一般、先调通后修理"的原则。相关注意事项如下：

处理故障时，一般应不影响正在使用的用户或扩大影响范围。必须严格按照故障诊断手册、命令手册等规定的命令和操作方法处理。若确需中断业务处理，需报请维护管理部门，得到同意后方可进行相关操作。

a. 对于因客户终端设备引起的单个故障［如用户自备家用 LAN（局域网）路由器、电脑终端］，应先向客户证明网络无故障并向客户解释出现问题的原因。

b. 对于多个小区因业务中断或局端设备宕机引起大面积故障或引发大面积投诉的，应立即上报维护管理部门同时做好客户解释工作。处理严重故障时，首先应按已批准的应急措施和方法尽快恢复通信，不可因查找原因而延长故障历时。

c. 对于用户反映"网络慢"问题，若检查测试确认主线路无问题，应与客户解释："您好！您在高峰时段访问互联网会出现网速慢的情况，我们已做好记录并保持跟踪。目前我司正在协调相应的可用资源来缓解该问题，处理完毕后我们会及时与您联系。"

d. 对于因其他运营商限制问题引起的部分网站无法登录问题，应与客户解释："您好！此故障是由运营商间的互联互通问题引起，我们已上报并进行处理，处理完毕后我们会及时与您联系。"

e. 对于互联网出口中断或网络割接导致的用户无法上网问题，应与客户解释："您好！网络正在进行升级优化，以便给您提供更好的服务。预计××（时间）可恢复，给您带来不便，敬请谅解。"

（4）维护人员的手机须 24 小时开机，以便发生故障时能保证通信畅通。

（5）维护文档资料管理要求。具体如下：

a. 维护人员负责所辖区域各类维护文档资料的管理，包括宽带用户相关资料、设计文档、局端及客户端网络设备维护资料等。

b. 局端及客户端网络设备维护资料应如实、完整填写，不得漏填、错填，对于已分配但暂未使用的资源，应填写"未用"。

c. 文档资料应以电子文档的形式长期保存。部分常用的重要维护资料应打印成册，以便快速查找。

d. 所有文档资料的整理、保存、报送应按照有关安全管理规定执行，符合安全、保密的原则，不允许未经授权的人员接触资料，同时应避免单人负责的情况。

e. 资料管理应遵循保密原则，相关服务的关键资料，其整理、保存、报送应按照有关安全管理规定执行，符合安全、保密的原则，不允许未经授权的人员接触资料。对于造成客户资料泄密的，视情节轻重扣罚当月考核。情节严重造成犯罪的，依法追究安装维修人员相应的法律责任。

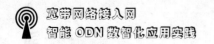

3.3.2 投诉处理流程

3.3.2.1 定义

投诉处理流程是指在接到家庭宽带用户投诉报障后，客服部门的预处理、维护单位的修障和业务测试、管理部门的质检审核、客服对处理情况的回访等相关流程。

3.3.2.2 目的

投诉处理流程明确各级处理的职责、技术要求、处理时限，达到缩短投诉处理历时、提高处理及时率、提高用户满意度的目的。该流程强调知识的共享，体现以省为中心的集中化运维思路。

3.3.2.3 流程适用范围

该流程适用于自有家庭宽带网络类、装维类相关投诉。

3.3.2.4 流程说明

投诉处理流程有八大环节，含用户自排障、投诉受理、投诉预处理、派发工单、上门处理、恢复测试、投诉回访和工单归档。

具体流程见图 3-4。

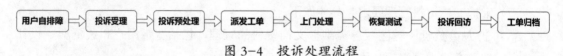

图 3-4 投诉处理流程

各环节和角色对应关系见图 3-5。

各环节说明如下。

第 1 步：用户自排障

用户自行处理宽带使用中遇到的各类问题。

1）工作内容

用户使用自助排障手段，结合用户使用手册等指导材料，自助进行宽带业务状态的查询、故障的排查处理、路由器等终端设备的配置、宽带网速的测试及网内资源的优先使用，解决使用过程中遇到的终端配置、内容体验等问题。

2）关键要点

要点一：加强用户使用指导

在宽带业务宣传、受理、安装、维护的过程中，加强了用户对宽带使用常见问题的使用指导，如为用户发放宽带使用指南，提高用户对于拨号连接设置、网线连接、路由器等终端配置等常见问题的处理能力。

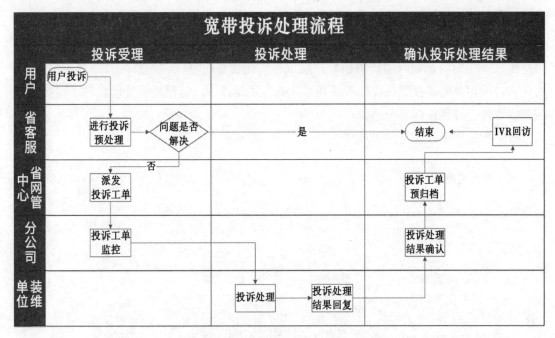

图 3-5　各环节和角色对应关系图

要点二：建立、推广自排障手段

通过建立、推广宽带在线、上网助手等手段，将网络侧的支撑能力和处理经验推送给用户。互联网支撑及自助排障方式具有成本低、效率高、实时性高的优势，可对用户实现一对多的指导，大幅度降低上门处理成本。

第2步：投诉受理

客服部门受理宽带客户使用过程中遇到的问题。

1）工作内容

用户可通过客服、网厅、掌厅等渠道，就宽带使用和服务过程中遇到的问题发起投诉。

2）关键要点

要点一：进行投诉分类

应根据宽带使用中常见的故障现象对客户投诉进行分类，确立不同类型投诉的处理流程和责任部门。

要点二：记录问题描述

受理客户投诉时，应记录客户使用中遇到问题的具体信息，便于进行针对性处理。例如当用户表示部分网页打不开时，应记录具体网址、访问时间等信息。

第3步：投诉预处理

通过使用指导、远程诊断等形式，对宽带投诉进行在线处理，减少工单派发，缩短处理时长，提升客户感知。

对于用户在宽带使用中遇到的网络质量（如网络无法连接）、服务质量（如催装、催修）、业务质量（如部分网页速度慢）等问题，由客服人员通过投诉预处理等系统，查询用户信息、工单信息和网络状态信息，通过标准化的导航流程和规范化的图文应答脚本，处理客户投诉，提高投诉在线处理成功率，减少烦琐操作，缩短投诉处理耗时，提高客户应答规范性，持续提高客户感知。

投诉预处理子流程见图 3-6。

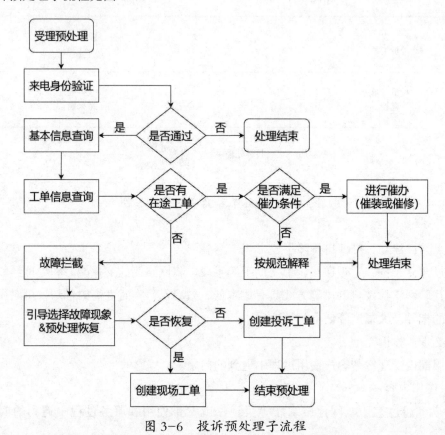

图 3-6　投诉预处理子流程

（1）来电身份验证。从 IVR（交互式语言应答）自动获取来电号码，受理投诉，判断来电号码与注册号码是否相同，发起身份验证，以保证客户信息安全。

（2）查询基本信息。从 PBOSS（产品运营支撑系统）以及互联网电视等平台查询用户相关业务信息，协助判断当前用户故障，如是否欠费等。

（3）工单信息查询。从工单系统获取用户近期工单，查看是否有在途工单，根据客户投诉内容，对在途工单进行催办。

（4）故障拦截。自动根据用户业务账号以及资管系统提供的信息，关联用户以及其相关设备的告警信息，综合判断告警影响，提供针对性的解释口径，对故障进行拦截。

（5）预处理流程导航。引导客户提供故障现象，针对不同的现象选择相应的预处理流程，针对性地查询 PBOSS、AAA 以及相关业务平台的信息，进行整合，综合判断用户故障原因，根据故障原因给出一键修复手段，或者相应故障的操作指导，指导用户进行故障预处理。如果无法判定故障或者无远程解决手段，则创建工单进行流转，跟踪故障解决情况。

第4步：派发工单

出现预处理无效等情况，生成并派发投诉工单至维护人员。

1）工作内容

客服人员在投诉预处理无效时，记录客户诉求，选择投诉分类，派发投诉工单。投诉工单经智能调度后，流转至具体维护人员，进行后续操作，见图3-7。

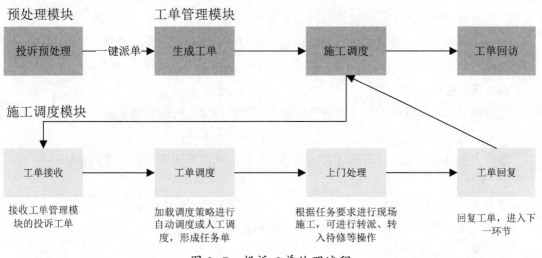

图 3-7　投诉工单处理流程

2）关键要点

要点一：分类派单

根据用户的投诉类型和职责部门，进行工单的分类派发。涉及网络质量、装维服务质量类的工单，由网络装维部门处理；涉及业务质量类的问题，由互联网部门处理；涉及市场营销和业务支撑类的问题，由前端部门处理。

要点二：预处理轨迹载入

投诉预处理过程中的诊断信息、用户问题描述等，应通过"一键派单"等功能，将处理轨迹直接载入投诉工单正文。

要点三：工单派发至一线

对于属于装维维护职责内的投诉工单，可通过智能调度派发至网格装维人员处理。

第5步：上门处理

装维人员根据工单信息，联系用户上门处理。

装维人员收到工单后，应查询工单信息，根据预处理轨迹和用户投诉现象，结合远程诊断手段，判断用户投诉是否为群体性故障或独立故障，并进行针对性处理。

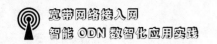

若确定为大面积故障，应通过装维 APP 等手段，查询故障处理情况，主动联系用户告知处理进度及预计恢复时间，做好解释安抚工作。

若确定为独立故障，需要上门处理的投诉，应电话与客户约定上门服务时间，提前上门并在规定时限内完成维护。

装维上门服务过程中，应参照现场装维工作规范要求，进行客户预约、现场沟通和投诉处理操作。

第 6 步：恢复测试

宽带问题修复完成后，进行业务恢复测试或联系用户确认恢复情况。若业务正常，则回单。

关键要点：规范回单，按时填报故障原因。

确认业务恢复后，装维人员在回单时应准确填写故障原因。回单原因按下文"投诉报结分类原则"执行。

第 7 步：投诉回访

工单回复后，客服部门对投诉的处理情况和客户感知进行回访质检。

1）工作内容

装维人员回复工单后，可通过自动语音、短信、人工等形式对客户进行回访。

2）关键要点

要点一：回访结果通报

进行工单全量回访，将回访结果作为工单执行质量的评估标准。

要点二：回访退单跟踪

回访时用户表示业务不可用的情况，应退单至装维人员重新上门处理；回访时用户表示不满意的情况，应建立闭环流程跟踪处理。通过人工抽检等形式，确认用户不满原因，跟踪处理质量。

第 8 步：工单归档

回访时如用户表示故障已解决，则投诉工单自动归档。

3.3.2.5 投诉报结分类原则

"投诉报结分类原则"分为三级，第一级包括用户原因、网络原因、内容原因、牌照方问题或电视平台故障、业务管理系统和支撑系统问题、前台或市场原因、装维服务原因、人为破坏或电力问题、其他原因；二、三级是对第一级的细化和扩展。回单时严格按投诉报结分类结果填报投诉原因。

3.4　宽带网络资源管理

3.4.1　小区宽带资源命名规范

小区宽带资源标准地址是描述用户装机地址的标准地名地址，目前也是营业厅或者客户经理进行业务受理时所选择的用户地址。

3.4.1.1　标准地名地址库数据库的建立

1）标准地名地址库定义

标准地名地址库是指企业为支撑运营而建的地名地址数据库，地名地址库与网络资源直接关联。管理的地址必须是经当地政府地名办公室批准的标准地址及道路门牌号（个别特殊地域除外）。

2）标准地名地址分级标准

××公司将标准地址规范细化后按照十一级地址分级方式进行管理。具体分级及要求为：

第一级：省。

第二级：地市。

第三级：区县。就是空间资源的子区域，在地理意义上就是区、县、县级市。

第四级：乡镇街道。

第五级：所在道路／行政村名称。

第六级：所在小区／自然村／弄名称／学校名称。

以上6级为小区名称标准命名。

第七级：所在片区，根据实际情况细分。

第八级：所在幢／号／楼名称。

第九级：单元号名称。

第十级：楼层名称。

第十一级：户号名称。

以上5级加上小区6级名称合成覆盖范围标准命名。

十一级地址分级见表3-3。

表 3-3　十一级地址分级

	字段	层级	覆盖范围地址
覆盖范围地址	小区名称	1	省
		2	地市
		3	区县
		4	乡镇街道
		5	所在道路/行政村名称
	覆盖详细描述	6	所在小区/自然村/弄名称/学校名称
		7	所在片区
		8	所在幢/号/楼名称
覆盖范围地址	覆盖详细描述	9	单元号名称
		10	楼层名称
		11	户号名称

3）标准地名地址分类原则

（1）标准地名地址原则适用于中国移动家庭宽带业务，含移动自建、与第三方合作建设、铁通公司的家庭宽带。

（2）地址对象为"到户地址"，非"小区"或"热点"。具体分类情况见表 3-4。

表 3-4　标准地名地址分类

分类维度	第一级分类（全网统一）
地域属性	城市
	乡镇
	农村
接入方式	FTTH 接入
	FTTB 接入
	其他接入方式

续表

分类维度	第一级分类（全网统一）
用户场景	家庭场景
	校园场景
	聚类场景
资产归属	自建
	铁通
	三方

4）标准地名地址信息命名规则和样例

A. 标准地名地址信息命名规则

小区分为标准小区、非标准小区两类。

标准小区主要包含住宅小区、单位宿舍楼、工业园区、商业楼宇、专业市场、校园等，要求有明确且用户公认的小区名称、楼栋／单元／房间编号。

非标准小区主要包含乡村、沿街店铺、城中村等，无明确且用户公认的小区名称、楼栋／单元／房间编号、道路／街道名称及门牌号。

非标准小区地址以楼栋为单位，建立"排楼"概念，"排楼"原则上指一排连续无分割的建筑实体，或根据特殊需要划成一片的建筑实体，其编号规则如下：

（1）以一定顺序（例如"从西往东""从北往南"）依次编号。

（2）排楼编号由一到两位阿拉伯数字组成，从"1"开始；例如3号排楼编号为"3"，27号排楼编号为"27"。

（3）一个小区内的排楼编号不能有重复。

（4）排楼名称对应电信业务资源综合管理系统中的"栋／号／楼"字段。

（5）按照一定原则对每个排楼内的住户进行编号：例如按"从左往右""从北往南""从下往上"的顺序依次编号。

（6）住户编号由三到四位阿拉伯数字组成，前一位或两位代表排楼编号，后两位代表户号，从"01"开始；例如3号排楼第三户编号为"303"，27号排楼第三户编号为"2703"。

（7）一个排楼内的用户编号不能重复。

（8）排楼内的住户名称对应综资系统中的"户号"字段。

B. 标准地名地址信息命名样例

为便于各地市因地制宜，全省暂不做全网统一的细化管理要求，仅提供规范性示例作为参考，各地市应根据省内实际情况制定地市分场景地址信息的命名规则。以下是标准地名地址命名规范性示例。

（1）住宅小区地址命名示例，见表 3-5。

表 3-5　住宅小区地址命名示例

*省	*地市	*区县	*乡镇街道	*所在道路/行政村名称	所在小区/自然村/弄名称/学校名称	所在片区	所在幢/号/楼名称	单元号名称	楼层名称	户号名称
必填	必填	必填	必填	必填	必填	必填	必填	必填	必填	必填
四川	南充	顺庆区	长寿路街道	长寿路13号	华昌丽景	长寿路网格	1栋	1单元	1～2层	101室、102室、201室、202室

（2）单位/校园宿舍地址命名示例，见表 3-6。

表 3-6　单位/校园宿舍地址命名示例

*省	*地市	*区县	*乡镇街道	*所在道路/行政村名称	所在小区/自然村/弄名称/学校名称	所在片区	所在幢/号/楼名称	单元号名称	楼层名称	户号名称
必填	必填	必填	必填	必填	必填	必填	必填	必填	必填	必填
四川	南充	顺庆区	长寿路街道	长寿路15号	万宝至马达宿舍	长寿路网格	1栋	1单元	1～2层	101室、102室、201室、202室

（3）工业园区/商业楼宇地址命名示例，见表 3-7。

表 3-7　工业园区/商业楼宇地址命名示例

*省	*地市	*区县	*乡镇街道	*所在道路/行政村名称	所在小区/自然村/弄名称/学校名称	所在片区	所在幢/号/楼名称	单元号名称	楼层名称	户号名称
必填	必填	必填	必填	必填	必填	必填	必填	选填	必填	必填
四川	南充	顺庆区	长寿路街道	长寿路18号	四川连展科技有限责任公司/永盛百货	长寿路网格	1号办公楼/A栋		1层	101室、102室

（4）专业市场地址命名示例，见表 3-8。

表 3-8　专业市场地址命名示例

*省	*地市	*区县	*乡镇街道	*所在道路/行政村名称	所在小区/自然村/弄名称/学校名称	所在片区	所在幢/号/楼名称	单元号名称	楼层名称	户号名称
必填	必填	必填	必填	必填	必填	必填	必填	选填	必填	必填
四川	南充	顺庆区	长寿路街道	长寿路22号	五金批发市场	长寿路网格	1号楼		1～2层	小张五金店、小王五金店

（5）住宅区沿街商铺地址命名示例，见表 3-9。

表 3-9　住宅区沿街商铺地址命名示例

*省	*地市	*区县	*乡镇街道	*所在道路/行政村名称	所在小区/自然村/弄名称/学校名称	所在片区	所在幢/号/楼名称	单元号名称	楼层名称	户号名称
必填	必填	必填	必填	必填	必填	必填	唯一值	选填	必填	必填
四川	南充	顺庆区	炳草岗街道	临江路10号	阳光丽景小区	炳草岗网格	1栋商铺		1层	绝味鸭脖

（6）市区道路两旁的沿街商铺命名示例，见表 3-10。

表 3-10　市区道路两旁的沿街商铺命名示例

*省	*地市	*区县	*乡镇街道	*所在道路/行政村名称	所在小区/自然村/弄名称/学校名称	所在片区	所在幢/号/楼名称	单元号名称	楼层名称	户号名称
必填	必填	必填	必填	必填	选填	选填	唯一值	选填	选填	必填
四川	攀枝花	东区	大渡口街道	大渡口路110号		大渡口网格	110号商铺			红蜻蜓蛋糕

（7）乡镇沿街商铺命名示例，见表 3-11。

表 3-11　乡镇沿街商铺命名示例

*省	*地市	*区县	*乡镇街道	*所在道路/行政村名称	所在小区/自然村/弄名称/学校名称	所在片区	所在幢/号/楼名称	单元号名称	楼层名称	户号名称
必填	必填	必填	必填	必填	选填	选填	唯一值	必填	必填	必填

续表

*省	*地市	*区县	*乡镇街道	*所在道路/行政村名称	所在小区/自然村/弄名称/学校名称	所在片区	所在幢/号/楼名称	单元号名称	楼层名称	户号名称
四川	攀枝花	盐边	红格镇	330国道		红格网格	红格镇沿街商铺	北一排	103	小李超市

（8）城中村、乡镇命名示例，见表3-12。

表3-12 城中村、乡镇命名示例

*省	*地市	*区县	*乡镇街道	*所在道路/行政村名称	所在小区/自然村/弄名称/学校名称	所在片区	所在幢/号/楼名称	单元号名称	楼层名称	户号名称
必填	必填	必填	必填	必填	选填	选填	必填	选填	选填	必填
四川	攀枝花	盐边	红格镇	下李村		红格网格	10号排楼			102
四川	攀枝花	盐边	益民乡	益民街		益民网格	8号排楼			101

地址填写中如涉及数字和字母填写，参见以下规范（表3-13）。

表3-13 地址填写中如涉及数字和字母的表述规范

类别	层级	规范	示例
中文	所有	简体中文字，半角	略
英文	所有	大写字母，半角	A，B，C……
数字	1~4级	大写数字，半角	一，二，三……
	5~11级	阿拉伯数字，半角	1，2，3……
	所有	建筑企业名称等采用本身"法定"的数字格式	新大陆壹号，7天酒店，速8酒店

5）标准地址管理方式

为保证分段地址在全省集中、系统的统一管理、规范应用，应按如下方式实施地址的标准化。

（1）分段地址的十一级管理方式要严格按照全省统一标准地址规范管理。前五层不可为空。

（2）分段地址的分级必须严格按照本规范进行数据管理，不得有级别混用和错乱。

3.4.1.2　网络资源同标准地名地址的覆盖关系

网络资源即指网络实体设备，例如楼道交换机、分线盒等。根据现场实际，网络资源与标准地址间应建立起准确、完整的关联覆盖关系（在业务系统中网络资源与标准地址可直接建立多对多的覆盖关系，并支持批量覆盖操作）。

3.4.2　小区宽带资源入网

宽带小区入网分为预查勘、立项、设计、施工、验收、审核、上线等环节，为保证小区资源入网准确性，每一个环节必须严格执行相关资源管理要求，确保小区资源数据在规划部、工程部和网络部系统间实现自动传递，同时建立省、市两级审核制度，严把资源入网关。

3.4.2.1　资源验收流程

宽带小区验收阶段流程如下。

1）流程关键点

（1）如果验收时的覆盖用户数和设计覆盖用户数不一致，则需要更改设计批复，确保两者一致；如修改导致设计与立项覆盖用户数不一致，允许10%以内的偏差，超过10%需发起立项变更。

（2）原则上，已立项建设的项目，需严格按照整体项目完工交付要求，进行验收后方可进行入网放装，不得进行项目任务拆分，实施部分项目提前入网。

（3）现场验收完成后，需工程管理方、施工人员、监理、维护管理方、代维人员五方确认签字。存在不合格的问题，需施工单位在规定时间内整改。

2）资源管理要求

（1）核对五表"小区信息采集表、小区覆盖信息点采集表、光交箱信息采集表、多媒体箱/分纤箱信息采集表、ONU/法兰盘/分光器信息采集表"和"点位图"与现场情况是否一致。

（2）通过宽带小区入网验收系统开展场景化的验收，模拟新用户开通全流程，验证资源的准确性。

（3）所有通过验收的光交箱应由代维单位责任人对光交箱内的验收巡检表进行现场签字确认拍照；分纤箱/多媒体箱按照不低于20%的比例进行抽验，抽验合格的需进行现场签字确认拍照。拍照结果可上传至省公司资源系统或FTP服务器备案。

（4）参与验收的人员可参照验收标准进行验收打分。

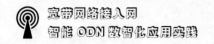

3）职责分工

（1）营销单元人员：参与现场验收，审核施工结果是否与覆盖需求一致。

（2）市公司工程管理人员：牵头验收工作，负责组织五方验收，并对验收结果建档备案，对资源不规范问题督促施工单位整改。

（3）施工人员：提供竣工资料，对资料不规范问题在规定时间内进行整改。

（4）代维人员：参与现场验收，审核现场施工工艺是否规范，通过测试对比"5 表 1 图"核对现场资源是否准确，光交箱必验、分纤箱 / 多媒体箱按照不低于 20％的比例进行抽验，抽验合格的需进行现场签字确认拍照，整理照片并上传系统。

4）使用的支撑系统

使用的支撑系统有工程项目管理系统、资源管理系统。

5）输入文档

竣工文件。

6）输出文档

输出有线宽带工程验收评分表、现场验收照片。

3.4.2.2　资源审核上线流程

资源审核上线阶段流程如下。

1）流程关键点

（1）市公司工程管理人员完成工程项目管理系统内小区地址、覆盖设备相关信息的复核及推送流程，确保系统数据与现场数据的一致性，数据传递过程中无遗漏。

（2）市 / 省公司资源管理员通过 FTP（文件传输协议）服务器及资源管理系统检查覆盖地址数量、设备数量是否与明细一致，关联关系是否正确，现场拍照关键点是否齐全。审核无误后，完成系统内审核推送流程，将宽带小区资源正式录入系统。

（3）营销管理人员完成资源管理系统与前台业务办理系统之间的地址同步，确保业务办理正常。

2）资源管理要求

（1）"5 表 1 图"、检测记录、竣工图纸及安装工程量总表、现场照片等相关资料准备齐全，并上传至 FTP 服务器。

（2）营销单元、市公司资源管理员、代维人员核实确认现场覆盖地址数量、设备数量与"5 表"内明细的一致性、关联关系的正确性。

3）职责分工

（1）市公司工程管理人员：负责整理和汇总工程资料并上传至 FTP 服务器，推送新建小区资源信息，对审核不通过的资源信息进行修改。

（2）市 / 省公司资源管理人员：分市、省二级审核，负责对新建小区的资源质量把控，确保资源规范、准确入网。

（3）营销单元人员：资源管理系统内审核通过后，小区上线，自动同步至前台业务办理系统，通知前台开放宽带业务办理。

4）使用的支撑系统

使用的支撑系统有资源管理系统、前台业务办理系统。

5）输入文档

输入"5表1图"。

6）输出文档

市 / 省公司维护部门审核通过后，宽带小区资源自动从资源系统推送至前台业务办理系统开放业务办理。

3.4.3 宽带小区资源入网变更流程规范

宽带小区资源入网后，会出现以下四类变更需求：覆盖地址资源增加、覆盖地址资源删除、小区箱体变更（增加、减少）、小区接入设备变更（增加、减少）。每一类资源变更流程要求如下。

3.4.3.1 小区覆盖地址资源增加

对于在原项目之外，由于业务发展，需新增覆盖区域，增加覆盖地址的规模化扩容项目，应统一按照宽带小区建设管理要求进行评估，评估通过后立项建设，纳入正常项目管理。流程如下。

1）流程关键点

（1）市公司家客业务管理人员提交宽带小区补盲工程建设的呈批件，需包含新增的覆盖地址数、明细及补盲理由等信息。

（2）市公司相关部门及领导审批通过后纳入宽带小区正常项目管理。具体流程参见"宽带小区资源入网流程规范"。

2）资源管理要求

参照新建小区资源入网流程，编制"5表1图"，并由业务部门、维护专业核实确认覆盖地址信息、设备资源、设备与地址覆盖关联关系等资料与现场的一致性。

3）职责分工

家客业务管理员：负责收集宽带小区地址补盲建设需求，提交呈批件。

市公司相关部门负责人员：负责对补盲需求进行审核，并提交公司领导审批。

市公司领导：负责对补盲需求进行最终审批。

4）使用的支撑系统

OA、工程项目管理系统、资源管理系统。

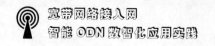
5）输入文档

输入宽带小区地址补盲建设需求说明书、呈批件。

6）输出文档

地址添加审核流程结束后，宽带小区资源自动从资源管理系统推送至前台业务办理系统开放业务办理。

3.4.3.2 零星地址增加

对于零星新增用户地址，不新增箱体（通过简单布线可实现），如车库、地下室等，资源变更流程如下。

1）流程关键点

（1）市公司家客业务管理人员提交零星地址添加的需求工单，需明确添加原因、具体地址信息、地址覆盖方式（FTTB、FTTH）、添加的地址类型（室地址、车库、阁楼、地下室、天台、铁皮房）、添加地址的覆盖方式（到用户家中、到楼道、到用户门头盒、到弱电井、其他）等信息。

（2）市公司资源管理员将工单流转至归属小区代维人员进行现场核实，并按要求反馈核实结果。

（3）现场核实通过具备添加条件的零星地址，由市公司资源管理员完成地址添加，并将结果通过工单形式反馈至营销单元。

2）资源管理要求

（1）根据现场核实情况，完成系统内地址添加操作，确保新增地址信息的完整性与准确性。

（2）确保新增零星地址与设备、箱体覆盖关系的准确性。

3）职责分工

家客业务管理人员：负责收集宽带小区零星地址添加需求，提交需求工单。

市公司资源管理员：负责对零星地址添加需求进行审核，协调代维人员进行现场核实，完成资源管理系统内地址添加需求及工单的流转回复。

代维人员：负责对待添加的地址情况进行现场核实，明确是否满足放装要求。

4）使用的支撑系统

使用的支撑系统有资源管理系统。

5）输入文档

输入零星地址添加需求工单。

6）输出文档

地址添加审核流程结束后，宽带小区资源自动从资源系统推送至前台业务办理系统开放业务办理。

3.4.3.3　小区覆盖地址资源删除

宽带小区因拆迁等因素造成原覆盖地址需要下线，相关流程规范如下。

1）流程关键点

（1）市公司家客业务管理人员提交删除覆盖地址需求的呈批件，需明确地址删除原因、删除地址数及明细等信息。

（2）市公司经营部、工程部、网络部、财务部会签审核无误后，提交公司领导审批。

（3）市公司领导审批通过后，提交省公司规划部、市场经营部、网络部、工程建设部审核。审批无误后，由市公司资源管理员完成系统内覆盖地址下线。

2）资源管理要求

市公司资源管理员根据删除覆盖地址需求的呈批件要求，完成资源管理系统内覆盖地址下线操作。

3）职责分工

家客业务管理人员：负责提出宽带小区覆盖地址资源删除需求，提交需求呈批件。

代维人员：负责对下线地址进行现场核实，明确是否需要做下线处理。

市公司相关部门管理人员：对需求进行核实会签，确认无误后，提交公司领导审批。

市公司领导：负责对地址下线需求进行审批。

省公司相关部门管理人员：对地市公司需求进行最终复审。

资源管理员：负责完成系统内地址下线操作。

4）使用的支撑系统

使用的支撑系统主要有资源管理系统等。

5）输入文档

输入呈批件。

6）输出文档

资源管理系统及前台业务办理系统内地址资源删除。

3.4.3.4　小区内箱体、设备资源变更

家宽小区在日常维护过程中，因各种需求需要变动箱体或设备资源，如增加分光器、加 B 类 ONU 及扩容板、加分纤箱／多媒体箱（但并未批量增加覆盖地址）、箱体拆移等。箱体、设备资源变更需按统一的管理流程操作，流程如下。

1）流程关键点

（1）变更需求发起分主动和被动。主动发起由市公司维护部门根据系统预警分析、市场发展、市政改造、代维巡检发现隐患、专项工作、网络规划等需求并经审核确认后发起；被动发起由系统根据剩余端口达到扩容门限或端口分配失败发起（通过系统功能开发实现）。

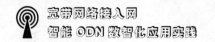

（2）批量增减箱体、设备需呈批公司领导。

（3）箱体、设备变更需求均需代维人员现场确认，确认后反馈变更具体方案。

（4）箱体、设备变更工作完成后，需拍照留存。

（5）对于零星施工单位实施的项目，由市公司家客管理员牵头组织验收，代维人员、零星施工队三方参与。对于规模较小或代维人员免费实施项目可无须现场验收，可结合日常现场检查开展。验收后须将现场验收照片、签字确认验收结果上传系统。

2）资源管理要求

（1）在完成小区内箱体新增、设备安装后，需按要求完成相关资源的标签、标识张贴并拍照上传备查。（具体要求参照小区资源入网流程施工阶段资源管理要求）

（2）按现场箱体及设备覆盖情况完成系统内资源数据更新，并做好箱体及设备与覆盖地址信息的关联关系记录。

3）职责分工

A. 市公司家客管理员

负责汇总并审核主动发起和被动发起的资源变更需求，组织现场勘察、方案会审呈批、物料管理（请购、分发、施工余料管理）、资源数据审核入库及现场验收等。

负责对家客零星项目实施的质量、规范和进度负责。负责开展相应的现场检查、考核和认责。

负责相关文档资料管理、保存工作。

B. 家客代维单位

负责上报巡检时发现的箱体、设备变更隐患。

免费参与部分需代维人员施工的零星项目。

负责现场勘察、设计方案及会审，并提出具体变更方案。

参与现场验收，不合格的督促零星施工单位整改。

将施工结果现场拍照，整理上传施工资料。

上报现场施工结果，供家宽管理员更新资源管理系统数据。

C. 家客零星施工单位

负责根据设计方案制定施工方案，组织施工、负责现场施工安全。

负责严格按照工程进度合理安排施工并及时完成施工，并定期向市公司汇报施工进展。

负责竣工后及时发起验收、上报施工实际结果，对不合格施工及时整改。

D. 市公司资源管理员

箱体、设备现场变更工作结束后，在资源管理系统中做相应的资源变更。

4）使用的支撑系统

使用的支撑系统有资源管理系统。

5）输入文档

小区箱体、设备资源变更需求说明书。

6）输出文档

资源管理系统及前台业务办理系统内宽带小区地址、覆盖设备资源数据的更新调整。

3.5　宽带网络割接与升级

3.5.1　网络割接流程

3.5.1.1　定义

网络设备割接流程是指网络维护部门对家宽网络设备进行割接调整时所参照的操作步骤。

3.5.1.2　目的

通过明确网络设备割接操作、发生故障信息上报的主要环节及各环节的具体检查项、检查办法、评估标准，确保割接顺利，网络运行平稳、可靠，降低割接对业务的影响，规范全网各类网络故障上报制度，确保对全网故障高效和规范管理。

3.5.1.3　流程适用范围

（1）流程适用省公司 CMNET（中国移动互联网）核心路由器以上层次的网络调整割接的实施过程，如设备扩容、软件升级、局数据修改、硬件变更、参数调整等。

（2）流程适用于市公司汇聚层交换机以上层次的网络调整割接的实施过程，如设备扩容、软件升级、局数据修改、硬件变更、参数调整等。

（3）流程适用于县公司接入层网络调整割接的实施过程，如 OLT 设备扩容、OLT 软件升级、OLT 局数据修改、OLT 硬件变更、OLT 参数调整，以及 OLT（影响 100 个用户以上）的割接，如大业务的 PON 口分流、主光缆改迁等。

3.5.1.4　流程说明

1）流程起点

家宽网络维护部门新建割接计划。

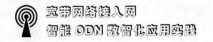

2）流程终点

割接结束。

（1）新建割接计划。家宽网络维护部门新建割接计划，计划包括详细的割接方案，需要明确割接的网元和日期、割接持续时间、业务影响范围、割接参与人员、割接详细操作步骤、割接回退方案、业务测试方法等。

（2）提出网络设备割接申请。家宽网络维护部门向家宽割接审批部门提出申请。

（3）割接方案审批。割接方案审批单位对割接方案内容进行审批，明确给出审批意见。

（4）割接信息报送发布到网络投诉系统。家庭宽带网络维护部门割接信息，报送需要明确割接涉及的网元、割接的计划日期、割接持续时间、割接计划、割接影响的业务范围，割接影响的业务范围要精确到 ONU。

（5）收集告警影响范围。客服部门收集告警影响的范围。

（6）进行网络设备割接。割接操作人员严格按照割接方案进行操作。

（7）客服进行投诉预处理。割接期间，客服对割接产生的投诉进行预处理。

（8）割接是否成功。割接部门按照割接方案对设备进行检查、对业务进行验证，判断割接是否成功。

割接回退：如果按照割接方案判断割接不成功，割接操作人员按照回退方案再进行割接倒回。

（9）割接完成后发布完成信息。割接按计划完成，将完成情况通报给客服部门和割接审批部门。

（10）接收割接完成信息。割接审批部门收集割接完成情况。

（11）信息通告结束。客服部门结束此割接的投诉预处理。

（12）资源更新。对割接设计的网络拓扑变更、板卡网元变更等进行资源更新。

（13）割接结束。整个割接结束，这是流程的终点。

3.5.2　千兆宽带网络升级

3.5.2.1　定义

千兆宽带网络指的是能够提供至少 1 000Mbps（1Gbps）的宽带接入服务，支持高速的数据传输速率。

3.5.2.2　目的

升级至千兆宽带网络主要是为了满足用户对高带宽业务的需求，如高清视频流、大型文件下载、云服务、在线游戏、远程办公和教育等。

3.5.2.3 适用范围

适用于需要高速、稳定网络服务的家庭用户和企业用户，特别是对于视频流媒体服务、大型企业数据交换、远程教育和医疗服务等场景。

3.5.2.4 流程说明

1）网络设备升级

完成千兆 OLT 等设备升级割接，确保所有网络设备均支持千兆速率。

2）硬件终端升级

需要确保家中的网络硬件（如光猫、路由器等）支持千兆速率。

4　宽带网络智能 ODN 应用实践

4.1　ODN 发展概述

随着互联网的高速发展，被通信运营商视为重要战略资源的网络基础设施规模不断扩大，传统的手工抄录网络基础设施的管理办法已无法应对海量资源的爆发式增长。中国移动通信网络资源的管理已成为公司的运营核心之一，资源的质量关系到全业务支撑的成败。以中国移动全业务为例，其中光纤管线投资占比达 70%，海量光纤需要管理。据统计，按照传统的维护方式，近 30% 的端口资源无法使用，每线业务开通耗时较长，准确性低，市场竞争力弱，光纤等哑资源无法管控，严重阻碍了中国移动全业务战略的推进。如何在充分利用现有网络资源的前提下进行智能 ODN 的建设和管理显得尤为重要。物联网对信息实体的感知、智能化处理以及可靠传输等特性，非常契合通信网络资源管理与移动业务应用的需求，采用物联网技术中的二维码标签方式，可以很好地解决移动通信网络中哑设备资源管理和上层业务应用等一系列问题，符合技术发展的趋势。

相比基于 RFID（无线射频识别）方式的智能光网络管理，采用二维码标签方式的智能化管理模式具有超低成本、零风险、技术演进平滑、实施方便等优势。通过搭建基于二维码标签的智能化管理系统，可实现以下功能。

（1）对资源节点赋予唯一的二维码标识，使资源具备物联网特性。

（2）建立资源节点通用信息模板，对资源信息进行准确记录。

（3）扫描软件二维码标签，可获得资源的所有信息。

（4）实现资源自动采集和校验，提高资源的准确性和时效性。

（5）对现场资源巡查进行查询、核实和修改，提高资源巡查的可操作性。

（6）获取各资源间连接状态，计算合理光路路由，提高开通、运维的效率。

本文以 ×× 移动光分配网络（ODN）为例，依托有关规范和综合资源管理系统，讨论了通过搭建基于二维码标签 + 智能终端 APP+ 资源管理系统的方式实现 ODN 网络智能化的管理模式，为移动业务发展、服务保障、网络支撑等提供了建设性的建议。

4.2　ODN 基础原理

ODN（光分布式网络）是基于 PON 设备的 FTTX 光缆网络，是一种基于光纤通信技术的新型网络架构。它将网络接入点部署在用户附近，通过光纤连接到中心局，实现高速、稳定和可靠的通信服务，同时还可以降低网络建设成本和维护成本。其主要是为 OLT 和 ONU 之间提供光传输通道。从功能上分，ODN 从局端到用户端可分为馈线光缆子系统、配线光缆子系统、入户线光缆子系统和光纤终端子系统。

在 FTTX 发展中，接入层需要新建一张巨大的光纤分配网络，即 ODN 网络。ODN 网络建设成本高昂，最高可占总体投资的 50%～ 70%，是 FTTX 投资的重点。同时，ODN 也是 FTTX 管理的难点。首先，它相比铜线简单的 P2P（点对点技术）结构，ODN 多采用 P2MP（点对多点主站）拓扑，网络中的接续节点多，网络管理复杂。其次，光纤比铜线敏感，更容易受损。因此，对 ODN 进行高效建设、运营和维护至关重要，需要一套智能、准确的管理解决方案，确保 ODN 网络得到充分利用，有效保障长期投资。

4.3　智能 ODN 应用实践

当前电信运营商维护的网络设备中，哑设备占比超过 60%。由于哑设备信息无法依靠信息化手段自动采集获取，对于哑设备资源的维护，一直是资源管理工作中的重点与难点。传统哑设备资源管理工作完全依靠纸质记录辅以人工现场核查的方式进行，再由人工录入资源管理系统进行资料存档。当设备数量呈线性增长时，人力投入成为管理瓶颈，大量的哑设备资源核查工作难以纳入日常管理工作中，管理部门只能依靠开展集中专项普查的形式进行，无法从根本上解决哑设备信息维护的效率和准确性问题。无论是加电、断电，还是施工、拉线缆，都需要现场的设备资源记录表给予正确的提示，一旦资源记录不准确，很可能造成施工错误，也给日常维护工作带来隐患。重复普查难以达到解决问题的

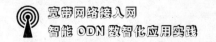

目的，资源管理陷入前清后乱、边清边乱的恶性循环。

目前，电信行业普遍使用的是传统标签。传统标签存储信息有限，功能上仅标识了该设备已纳入资产标签管理的范畴，但对资源管理的辅助作用较弱，标签本身没有关联实体设备纳入资源管理系统。为提高现场标签可读性，丰富标签信息，应在不改变现网纸质标签维护习惯的基础上，依托资源管理系统，构建具有唯一性的网络资源二维码管理模型，赋予资源智能化管理功能。

物联网的目标是构建一个智能网络，最终实现人与物、物与物之间自动化的信息交互与处理，达到更精细更动态的管理，这与我们对网络资源的管理要求不谋而合。在响应公司发展掌上运维及运用物联网技术的倡导下，经多重探索、不断选型，确定搭建基于二维码标签＋现场终端 APP＋网络资源管理系统方案的电子标签智能化管理系统，以期借助二维码标识的应用，引入自动化管理手段，在标准化标签制作环节弥补原有哑设备资源传统管理方式的弊端，改善资源维护部门每年投入大量人力集中普查、系统资源准确度低、标签更新不及时等问题，实现哑设备资源的智能化管理。通过核查和维护资源记录，脱离传统纸质记录；手机终端智能化提示可为现场标签调整或数据修正工作提供指导；统一标签制作，实现标签标准化、模型化、编码化、格式化，解决目前标签格式多样化、采集识别率低、维护性差等问题。通过搭建这样一个基于二维码识别哑设备的资源管理系统，从根本上实现传输哑设备与维护人员信息交互，维护人员与网络专业管理部门信息交互、传输资源管理系统与网络现场维护人员信息交互的目的。

4.3.1　ODN 组成

FTTX 系统由用户端的光网络单元（ONU）、局端的光线路终端 OLT 和 ODN 组成，见图 4-1。其中 ODN 是用于连接 ONU 与 OLT，为 OLT 与 ONU 之间提供光传输通道，完成光信号功率分配的纯无源的光分配网络。从功能上分，ODN 从用户端到局端依次为光纤终端、入户段光缆、配线段光缆和馈线段光缆四部分。

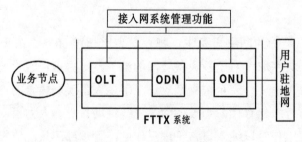

图 4-1　FTTX 系统

4.3.2 ODN 面临的问题

ODN 从发展到现在面临的问题主要表现在以下两个方面：

（1）人工处理效率低下，准确性不高，管理滞后，端口标签错综复杂，主要依靠人工标记抄写，数据错误率高。在工程实行阶段，工程师既要打印图纸，又要将所有网络信息手工录入。由于端口节点众多，人工处理不仅效率低、错误率高，而且服务器收到的信息更新慢，网络管理低效滞后，影响业务开展和用户的使用，还有可能给运营商、用户造成巨大损失。

（2）故障多发，故障检测处理系统（OTDR）不够智能化。随着光纤通信的发展和光网络的大规模建设，出现海量无源光器件，如分光器、光纤连接器等。这些无源光器件有的经历风吹日晒，有的被腐蚀，有的被施工挖断，有的在恶劣环境下容易发生各种故障，如分光器接触头老化、连接器不稳定、光纤断裂和光纤重大弯曲等，而现有系统由于人工操作太多、不够智能、效率低下，还不能高效地检测并处理故障，不仅会影响用户的使用，而且还会造成经济损失。此外，目前的故障检测系统只能对主干线做一个粗略的检测。由于衰耗大，OTDR 动态范围小，各路光纤反射功率重叠，无法进行有效判断和检测。

4.3.3 目前 ODN 的智能化解决方案

目前对于哑资源的智能化研究主要是针对智能 ODN 系统。该系统包括哑资源的自动识别、数据采集、业务开通、系统监控、网络资源管理等，其中 ID 识别系统主要包含射频识别、电子识别以及二维码标签识别等。其工作原理是利用 ID 识别标签对光纤和无源光器件接头进行标识，通过智能终端将 ODN 设备中的信息上传到网管系统并进行数据的更新。此类系统可实现端口状态的收集、端口位置查找、端口实时更新等功能。

目前，对射频识别、电子识别技术的智能 ODN 研究较多，且已有较为成熟的产品，如华为的 iODN、中兴的 eODN、烽火的 sODN 等，但尚未得到大规模的商用。该类技术试点应用还只局限在 ODF 端子及其所连接的光纤方面，对于光网络哑资源包含的其他部分如光缆、管道等还未能进行智能化管理。智能 ODN 系统均需要供电，这就需要大规模高成本改造或者只有在外部供电时才能发挥智能化优势。同时，国内外缺乏对智能 ODN 进行规范的统一标准，不同厂家的产品兼容性和匹配性存在差异，需针对不同厂家的熔配模块进行单独开发，增加了系统的部署、施工和运维成本。

采用二维码标签方式可以很好地解决哑资源的智能化管理。通过引入标准编码技术、数据分析技术，利用物联网的智能感知、识别技术以及移动互联网的信息实时交互功能，通过标签的识别、移动终端设备与后台数据库的互动，实现现场操作与资源管理的同步，通过深入的数据分析实现资源的精细化、智能化管理。

基于二维码标签的识别技术具有部署快、成本低的优点，选择二维码标签作为哑资源的身份标识载体和资源管理的外部接口，可以快速、低成本地实现对传统网络哑资源的管理改造。同时，基于二维码标签的识别技术可以脱离电子识别技术在操作时必须有源的限制，以及克服 RFID 技术受电磁环境影响的问题，只需根据资源所处的环境采用相适应材质的二维码标签，即可广泛应用于光纤基础网络各种哑资源中。另外，通过二维码体现光网络资源身份，也可实现各种资源的嵌套关联，建立了数据追溯体制，达到追本溯源的目的。同时，结合 GPS 定位、GIS 地图应用等功能，可以实现哑资源的快速定位、自动路由计算等功能，大大提升了工单开通的效率。

4.4　系统设计与实现

基于二维码标签的智能 ODN 系统实现方案分为三个部分：

（1）制定统一的标签规范，实现标签的编码标准化、信息模板化。

（2）引入现场智能管理 APP，实现对现场资源信息的采集、查询、核实、修改。

（3）对现有资源管理系统添加二维码应用模块、工单模块、资源管理模块、资源巡查模块，通过和现场管理 APP 的联动，实现对资源的智能化管理。

4.4.1　二维码标签设计

4.4.1.1　二维码标签规范

根据《××移动综合业务接入区家客业务侧标签规范》和《××移动工建标签使用和采购流程》的要求，对各资源进行二维码标签的命名和制作。二维码标签根据编码规则，通过资源管理系统的二维码功能模块，采用中国移动集团公司统一制定的编码规则自动生成。

4.4.1.2　二维码标签信息模板

对各资源要素建立通用的信息模板导入哑资源管理系统，系统自动生成资源要素信息，通过系统可以随时查询、调用相关的信息，对各资源要素进行定位、数据处理和分析，可以自动计算全程光路长度、损耗、跳接次数等，推荐出合理的光路信息，指导业务的开通。

下面主要列举光缆、光交、光分配箱三种资源信息模板，其他哑资源信息根据实际情况制作通用模板导入哑资源管理系统，建立哑资源系统管理的数据库。

1）光缆信息模板，见图 4-2。

二维码	光缆名称	光缆类型	长度(km)	芯数	A端	Z端	使用情况
21位编码	移动大楼机房-移动公司光交12芯光缆	GYTS	1.1	1	移动大楼ODF/1-11-1盘1芯	移动公司光交/GJ001-1盘1芯	已占用
	移动大楼机房-移动公司光交12芯光缆	GYTS	1.1	2	移动大楼ODF/1-11-1盘2芯	移动公司光交/GJ001-1盘2芯	已占用
	移动大楼机房-移动公司光交12芯光缆	GYTS	1.1	3	移动大楼ODF/1-11-1盘3芯	移动公司光交/GJ001-1盘3芯	已占用
	移动大楼机房-移动公司光交12芯光缆	GYTS	1.1	4	移动大楼ODF/1-11-1盘4芯	移动公司光交/GJ001-1盘4芯	已占用
	移动大楼机房-移动公司光交12芯光缆	GYTS	1.1	5	移动大楼ODF/1-11-1盘5芯	移动公司光交/GJ001-1盘5芯	已占用
	移动大楼机房-移动公司光交12芯光缆	GYTS	1.1	6	移动大楼ODF/1-11-1盘6芯	移动公司光交/GJ001-1盘6芯	未占用
	移动大楼机房-移动公司光交12芯光缆	GYTS	1.1	7	移动大楼ODF/1-11-1盘7芯	移动公司光交/GJ001-1盘7芯	未占用
	移动大楼机房-移动公司光交12芯光缆	GYTS	1.1	8	移动大楼ODF/1-11-1盘8芯	移动公司光交/GJ001-1盘8芯	未占用
	移动大楼机房-移动公司光交12芯光缆	GYTS	1.1	9	移动大楼ODF/1-11-1盘9芯	移动公司光交/GJ001-1盘9芯	未占用
	移动大楼机房-移动公司光交12芯光缆	GYTS	1.1	10	移动大楼ODF/1-11-1盘10芯	移动公司光交/GJ001-1盘10芯	未占用
	移动大楼机房-移动公司光交12芯光缆	GYTS	1.1	11	移动大楼ODF/1-11-1盘11芯	移动公司光交/GJ001-1盘11芯	未占用
	移动大楼机房-移动公司光交12芯光缆	GYTS	1.1	12	移动大楼ODF/1-11-1盘12芯	移动公司光交/GJ001-1盘12芯	未占用

图 4-2　光缆信息模板

2）光交信息模板，见图 4-3。

二维码	GPS信息	光交名称	光交容量	主干光缆	主干成端	一级分光器	一级分光器端口	光交端子	配线光缆	纤芯	Z端(二级分光器)	使用情况
21位编码	经纬度	移动公司光交/GJ001	576		1盘1芯	XX/POS001-1:8	XX/POS001-1:8-1	5盘1芯	XX/GF20512芯光	1芯	XX/P05001-1:8	占用
							XX/POS001-1:8-2	5盘2芯	XX/GF20512芯光	2芯	XX/POS002-1-8	占用
							XX/POS001-1:8-3	5盘3芯	XX/GF20512芯光	3芯	XX/POS003-1:8	占用
							XX/POS001-1:8-4	5盘4芯	XX/GF20512芯光	4芯	XX/P05004-1:8	占用
							XX/POS001-1:8-5	5盘5芯	XX/GF20512芯光	5芯	XX/P05005-1:8	占用
							XX/POS001-1:8-6	5盘6芯	XX/GF20512芯光	6芯	XX/POS006-1:8	占用
							XX/POS001-1:8-7	5盘7芯	XX/GF20512芯光	7芯	XX/POS007-1:8	占用
							XX/POS001-1:8-B	5盘8芯	XX/GF20512芯光	8芯	XX/POS008-1:8	占用
					1盘2芯	1:8	补充信息	补充信息	补充信息	补充信息	补充信息	
					1盘3芯	1:8	补充信息	补充信息	补充信息	补充信息	补充信息	
					1盘4芯	1:8	补充信息	补充信息	补充信息	补充信息	补充信息	
					1盘5芯	1:8	补充信息	补充信息	补充信息	补充信息	补充信息	
					1盘6芯	1:8	补充信息	补充信息	补充信息	补充信息	补充信息	
					1盘7芯	1:8	补充信息	补充信息	补充信息	补充信息	补充信息	
					1盘8芯	1:8	补充信息	补充信息	补充信息	补充信息	补充信息	
					1盘9芯	空余	补充信息	补充信息	补充信息	补充信息	补充信息	
					1盘10芯	空余	补充信息	补充信息	补充信息	补充信息	补充信息	
					1盘11芯	空余	补充信息	补充信息	补充信息	补充信息	补充信息	
					1盘12芯	空余	补充信息	补充信息	补充信息	补充信息	补充信息	

图 4-3　光交信息模板

3）光分配箱信息模板，见图 4-4。

二维码	GPS信息	DP箱名称	JT_分光比	A端(一级分光器)	A端光缆	Z端(用户)	使用情况
21位编码	经纬度	XX/GF205	01:08	XX/POS001-1:8-1(分光器名称+端口)	移动公司光交-XX/GF20512芯光缆	用户1	占用
			01:08	XX/POS001-1:8-1(分光器名称+端口)	移动公司光交-XX/GF20512芯光缆	用户2	占用
			01:08	XX/POS001-1:8-1(分光器名称+端口)	移动公司光交-XX/GF20512芯光缆	用户3	占用
			01:08	XX/POS001-1:8-1(分光器名称+端口)	移动公司光交-XX/GF20512芯光缆	用户4	占用
			01:08	XX/POS001-1:8-1(分光器名称+端口)	移动公司光交-XX/GF20512芯光缆	用户5	空余
			01:08	XX/POS001-1:8-1(分光器名称+端口)	移动公司光交-XX/GF20512芯光缆	用户6	空余
			01:08	XX/POS001-1:8-1(分光器名称+端口)	移动公司光交-XX/GF20512芯光缆	用户7	空余
			01:08	XX/POS001-1:8-1(分光器名称+端口)	移动公司光交-XX/GF20512芯光缆	用户8	空余

图 4-4　光分配箱信息模板

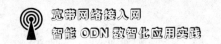
通过模板导入，在哑资源管理系统中可以查询出光缆长度及使用情况、ODF 端子占用情况、光交端子占用情况、分光器的使用情况等；通过大数据分析处理，可以得出各资源的嵌套关系和连接关系；通过 GPS 信息，结合资源管理系统的 GIS 功能，可以将计算出的光路信息在系统中可视化地呈现出来，大大节省业务开通的时间。

4.4.2　智能终端 APP

智能终端 APP 可实现哑资源的现场管理，包括资源录入、扫码、查询、呈现、巡查等。在待监控的哑资源上粘贴服务端打印的二维码，工程、维护、巡检人员及客户经理用装有 APP 的手机扫描节点现场的二维码，手机 APP 通过无线网络建立与服务端之间的通信，完成资源信息的交互。

智能终端 APP 即智能管理平台远程服务端，应实现以下功能：支持 iOS 系统和 Android 系统；提供移动管理的操作界面，便于现场查询、操作、管理；可完成现场二维码的读取工作，方便随时核查和维护资源记录，脱离传统纸质记录；可下载、导入、导出资源信息；自动接收和反馈工单任务；实现与智能管理平台的信息交互。

智能终端 APP 包含二维码应用模块、工单管理模块、资源管理模块，使用手机 APP，能够实现资源数据录入、二维码生成、资源查询、资源 GIS 呈现以及远程巡检等功能。

二维码管理模块：后台服务端生成、打印的二维码在节点现场粘贴，现场扫描节点二维码，APP 解析二维码所包含信息（如资源名称、GPS 信息、机房名称、机架编号、端子占用情况等），获取所处节点的经纬度，并自动传送至服务端，完成节点基础信息的智能匹配、查询和校验。

工单管理模块：由后台服务端工单系统派发相应的资源管理工单、业务开通工单等，现场人员通过相应的权限登录手机 APP，对工单进行接收；业务开通后，根据现场实际情况反馈完工工单，并对系统的信息进行校验，如有错误，则反馈正确的信息，在 APP 上进行资源信息的修改或者将信息推送给后台管理人员进行修改和更新。

资源管理模块：实现智能终端对资源查询、核实和实时反馈，提高资源普查的便携性。

4.4.3　智能管理平台

4.4.3.1　资源管理平台现状

目前，对于资源数据的分析主要集中在对各类资源的统计与利用方面，面对庞大的哑资源数据，这些简单的统计与分析显然不能充分挖掘数据的潜在价值，不能更深层次地反映网络现状，难以发现潜在的问题，难以在业务支撑能力、客户服务能力、数据质量三方面得到大的提升。

总的来说，现有的光网络哑资源管理系统无法实现一体化、系统和高效的管理目标，难以满足今后网络动态的管理，以及规划、设计上的需求。

智能管理平台可采用新搭建平台或对现有资源管理系统通过添加二维码应用模块、工单模块、资源管理模块的方式实现，智能管理平台通过和现场管理 APP 的联动，实现对资源的智能化管理。

4.4.3.2　管理平台设计思路

通过引入标准编码技术、数据分析技术，利用物联网的智能感知与识别技术以及移动互联网的信息实时交互功能，通过二维码标签的识别和移动（或其他运营商）终端设备与后台数据库的互动，实现现场操作与资源管理的同步，通过深入的数据分析实现资源的精细化、智能化管理。

平台功能包括：

（1）对资源节点赋予唯一的二维码标识，使资源节点具备物联网特性。

（2）建立资源节点通用信息模板，对资源信息进行准确记录。

（3）通过扫描二维码标签，可获得资源的所有信息。

（4）实现资源自动采集和校验，提高资源的准确性和时效性。

（5）对现场资源巡查进行查询、核实和修改，提高资源巡查的可操作性。

（6）获取各资源间的连接状态，计算出合理的光路路由，提高开通、运维的效率。

（7）结合 GIS 功能对光路路由可视化地呈现。

（8）运用大数据挖掘和分析技术，对网络现状进行资源预警、规划建议等。

（9）提供工单管理和分发功能。

（10）AI 图像识别技术，能自动获取资源使用情况、进行资源隐患排查等。

（11）对光交箱、光分配箱、ODF 等资源的端子占用情况通过不同的颜色可视化地呈现出来。

4.4.4　系统架构

4.4.4.1　系统软硬件架构

系统软硬件架构见图 4-5、图 4-6。

哑资源智能管理平台采用分布式架构、模块化设计，分为上层应用、功能模块、现场感知端三部分，以面向服务的设计理念，后期增加功能及在现有系统的基础上增加功能模块。

上层业务应用包含业务开通系统、维护系统、综合资源管理系统。

功能模块是 ODN 智能管理平台的基础部分，主要进行相关网络资源基础数据的录入、查询、修改、维护，通过数据库对现网资源进行唯一性管理，为业务应用模块提供全面、

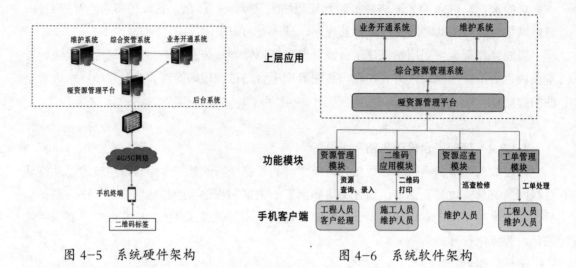

图 4-5　系统硬件架构　　　　　　　图 4-6　系统软件架构

准确的资源基础数据。

现场感知端，即手机客户端 APP，包括资源扫码、资源查询、资源修改、巡检管理、工单处理等功能。

4.4.4.2　角色分配

系统的使用涉及从资源建设到运行全生命周期的业务流程，涉及的角色根据不同功能模块分配权限，包括工程人员（设计人员、施工人员、监理人员）、客户经理、维护人员等角色。

1）资源管理模块

资源管理模块功能包括资源的查询和录入，角色有工程人员和客户经理。

工程设计阶段，设计人员可从系统下载原有网络节点信息，在现有信息的基础上进行勘察设计工作，并对工程使用的资源端口进行预占用。

工程施工阶段，施工人员完成网络节点施工后，将资源信息按照通用模板录入哑资源管理系统。监理人员可通过扫描二维码，对节点信息录入工作和施工进度进行管控。

商机开拓阶段，客户经理可以通过扫描资源节点二维码，查询资源节点信息，进行光路路由查询和投资估算，快速支撑业务的决策。

2）二维码应用模块

二维码应用模块主要实现二维码标签的打印功能，角色有施工人员和维护人员。

施工节点完成后，系统按照二维码编码规则生成二维码图片，并推送到现场终端 APP，现场施工人员通过手机 APP 与二维码标签打印机连接后打印资源的二维码标签并粘贴。

维护阶段，维护人员扫描资源二维码信息，如果信息有误，则将正确的信息录入系统后更新；若二维码标签有误，则重新打印正确的二维码标签。

3）资源巡查模块

资源巡查模块主要实现哑资源信息排查、核对功能，角色主要是日常巡检的维护人员。维护人员在巡检过程中发现有隐患的节点，可以拍摄相应的照片并上传系统，通过系统的 AI 自动识别功能识别隐患后输出相应的报表，并通过工单形式下发维护单位整治。

4）工单管理模块

工单管理模块主要实现资源全生命周期的工单流转管理。角色主要有工程人员、维护人员。工单类型包括勘察设计工单、施工工单、验收工单、维护工单等。

4.5 应用场景

4.5.1 二维码打印

施工人员在现场通过手机终端 APP 及 4G/5G 网络以 HTTP 协议方式连接后台 APP 服务器，APP 服务器通过 Web Services 接口访问综资服务器，查询资源详细信息并获取资源对应的二维码标签 XML（可扩展标记语言）字符串。手机同时通过蓝牙将标签字符串发送至手持式打印机实现标签打印。

4.5.2 资源录入

ODN 哑资源包括机房 ODF、光缆、光交接箱、光分配箱、分光器、ONU 等节点。节点录入包括新增节点和原有节点。

1）新增节点

当新增节点施工完成后，施工人员使用现场 APP 拍摄现场照片，通过 AI 图像识别技术自动识别哑资源信息（节点名称、容量、端子占用情况等），并按照预先制作好的通用模板自动生成资源信息，录入或导入哑资源管理系统，完成节点的入库。系统根据二维码编码规则和导入的信息完成二维码的自动生成，并推送给智能终端 APP，施工人员在现场使用智能终端 APP 通过无线网络或蓝牙与二维码打印机连接，将打印的二维码标签粘贴到相应的节点。现场人员扫描节点二维码，APP 解析二维码所包含信息（如节点名称、容量、端子使用情况等），获取所处节点的 GPS 数据，并自动传送至后台服务器，完成节点基础信息的智能匹配、查询和校验。资源节点录入后，施工人员在现场将施工结果拍摄照

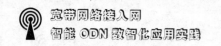

片上传系统，使用图片处理技术和推理技术，在系统应用终端窗口将资源面板的占用情况可视化地呈现。

2）原有节点

原有节点需要维护人员先摸排和梳理节点现有的资源使用情况，对于现场资源杂乱、AI 无法识别的，采用人工录入方式通用模板；对于 AI 可以识别的资源，使用 AI 图像识别技术自动生成通用模板数据后录入哑资源管理系统。后续步骤和新增节点相同。

4.5.3　业务开通

（1）新增客户需要开通业务时，先获取客户所在地的 GPS 信息，系统自动匹配就近的 DP 箱位置。扫描 DP 箱的二维码，获取 DP 箱的二维码信息，根据 DP 箱与各哑资源的连接关系和嵌套关系，结合光路长度、损耗、跳接次数等指标，计算出全程光路衰耗，推荐出最优的光路信息。根据预先配置的实际端子分配原则，在 APP 上进行端子资源的预占用，从而完成 A、Z 端光路信息的建立，指导业务的开通。

（2）在客户经理售前交流或商机挖掘时，客户经理在 APP 中定位用户业务需求的 GPS 位置，系统自动匹配到就近的接入节点，并可以通过文本或者图形的方式展示出该节点的链路路由。同时，根据最近接入节点与需求点的路由和距离，结合预先设置好的单位长度造价，可以估算出该点的投资和工期等，便于效益评估和建设，实现客户需求的实时响应。

4.5.4　智能维护

1）现场巡查

巡检过程中，维护巡查人员到达现场后通过手机 APP 终端，扫描节点现场二维码，APP 自动记录并提交巡检记录，如巡检账号、时间、GPS 信息以及巡检节点的基本信息，扫描完成后形成巡检结果报告，上传服务端进行存档记录。服务端通过节点的信息，与手机 APP 的 GPS 信息比对，数据管理人员可以在服务端系统查询和查看各节点的巡检记录，对合作单位维护人员巡检工作进行管理，防止人员虚报巡检情况，量化合作单位工作，提升管理效率。

2）信息维护

通过扫描现场节点二维码，可实现现场节点信息与服务端数据库信息的核对，根据对比结果，判断现场与系统信息是否匹配。扫描比对结果不同时，APP 自动提示异常：一种是标签信息出错，更新标签后，重新扫描；一种是基础信息模板数据未更新，可将正确的数据反馈给后台人员在系统中及时更新。此外，可根据现场占用端口的纤芯和端口情况在系统上同步占用资源，实时、精确管理纤芯和设备端口信息。

3）故障处理

故障处理、抢修过程中，通过现场扫描节点二维码，可以查找网络链路的路由信息，准确查找整条链路所经过的设备、ODF、光交箱、DP 箱的端口和承载业务的光缆及纤芯信息，有助于维护人员快速、准确定位故障并处理。

4.5.5 全生命周期的流程管理

全生命周期管理是指对项目全生命周期内各个阶段的活动进行全过程的管理。光网络资源生命周期需经过规划、设计、施工、验收、使用、维护、退网等各个环节。

STEP1：规划设计阶段，设计人员从资管系统下载原有网络节点的信息，通过现场勘查，更新资源数据并形成资源设计电子工单上传至系统。

STEP2：施工准备阶段，系统管理人员对设计电子工单进行审核，确认无误后形成资源施工工单。

STEP3：施工阶段，施工人员从系统导出资源施工工单，按照审核后的设计文件进行施工，完工后形成资源竣工工单，并更新资源数据。

STEP4：验收阶段，工程管理人员对施工工单进行审核和现场验收，验收合格后形成完工工单并录入系统，及时更新资源信息。

STEP5：运行维护阶段，维护人员根据系统的资源信息进行现场巡查核实，当现场资源信息与系统不匹配时，及时更新资源信息。

4.6 总结

基于二维码标签的 ODN 网络智能化管理，通过制定统一的二维码标签规范，对网络节点进行唯一标识；对不同的网络节点制作差异化的通用资源信息模板；对网络节点进行信息采集，提高资源的准确性和全面性，提高资源的利用效率；引入现场 APP 终端和智能化管理平台，实现远端与现场信息同步，减少人工往返操作，降低网络建设、管理和维护成本；通过现场定位对哑资源进行呈现，做出客户经理商机开拓和谈判决策；通过手机 APP 的巡查记录对维护人员进行管理，提高巡检的管理效率；自动路由计算，全程端到端呈现资源信息，便于业务的快速开通和故障的快速定位，提高开通和维护效率。

5　宽带网络新型智能 ODN 关键技术

光分配网络（ODN）是 FTTX 网络的重要组成部分，由光缆、光连接器件、分光器、光交、光分配箱等一系列哑资源构成，ODN 网络的主要功能是为 OLT 与 ONU 之间提供光传输通道，完成光信号功率的分配，是纯无源光分配网。在国家"宽带中国"的发展战略背景下，各运营商加大了宽带网络的建设。以某省运营商为例，2013 年国家开始实行"宽带中国"战略以来，宽带用户每年以百万户规模增长，ODN 已成为宽带接入网建设及发展的核心。据统计，ODN 网络建设成本占 FTTX 的 60% 以上，是 FTTX 投资的重点，但由于哑资源的无源特性，无法同有源设备一样实时监控，成为 FTTX 管理的痛点。针对 ODN 网络的管理，普遍使用的有综合资源管理系统、标签等。在工程项目完工后，资料员按照现场实施的情况录入综合资源管理系统。以人工录入方式为主，容易出现数据统计和录入错误、项目阶段性进展未同步导致系统与现场不符等情况，不能实时对资源进行管理和监控，存在系统资源与现场资源严重偏差的情况。现场资源信息主要通过普通标签管理，其寿命短、质量差、粘贴混乱、错误率高，导致端口利用率低、故障多且无法准确定位和及时处理、开通时间长、资源准确率低、哑资源管理能力薄弱等问题，严重阻碍了运营商有线接入网的发展和降本增效战略的推进。

电子标签智能 ODN 网络技术可以实现无源网络的智能化管理。智能 ODN 是利用电子标签对光纤（包括跳纤、尾纤、光分路器尾纤等）的活动连接器插头进行唯一标识，自动存储、导入和导出光配线设施端口资源及光纤连接关系数据，从而搭建可实现光纤信息自动存储、光纤连接关系信息自动识别、光纤资源信息校准、可视化现场操作指导等智能化功能的光分配网络。主流的电子标签技术有射频识别、电子识别等，成熟的产品有采用 eID（电子识别技术）标签的华为 iODN、烽火 sODN，采用 RFID 的中兴 eODN 等，这些技术国内部分地市有试点（如浙江移动的 iODN、东莞移动的 eODN 等）。电子标签建设成本高昂，仅适用于对端子和尾纤的管理，存在无源设备的引电难题、改造场景实施难度大、缺乏统一的标准、产品兼容性差等缺点，并未得到大规模的推广应用。如何在不改变现有网络资源结构的前提下，通过引入操作简单、低成本的智能化管理手段，提高 ODN 网络质量，降低维护成本，减少故障率，提高开通效率，支撑业务发展，提高客户感知，已成为运营商亟须解决的问题。

5.1 基于 Faster-RCNN 的哑资源智能管理系统

相比于 eID 和 RFID 技术，二维码标签具有成本低、部署简单的优点，可以脱离 eID 技术必须有源的限制，克服 RFID 技术的电磁干扰问题，采用二维码标签方式可以很好地解决哑资源的智能化管理。二维码标签技术的使用是实现网络信息交互的有效手段，最终实现哑资源智能管理。目前，国内外对于二维码识别相关的研究较少，均停留在目标识别算法的研究。阳胜伍等提出仅对二维码进行识别，虽然有 90% 左右的识别准确率，但硬件成本需求高且需要复杂的传统图像识别设计；李想等人提出用 YOLOv3（一种目标检测算法）算法来对分光器端口的状态进行识别，目前采用深度学习对分光器进行识别的方法均为单一种类识别；杜传业等人提出以图像识别的方法来对分光器进行分析，但采取的方法为传统的图像处理方法，适应性不高，无法根据分光器类型（1:8，1:16）来进行识别。Faster-RCNN[①]（Region-based Convolutional Neural Network Method）技术在其他识别领域应用较广，但应用于哑资源检测识别的仍较少。

综上，目前对于分光器等哑资源的检测识别还在发展阶段，对端口状态以及分光器自身信息同时进行融合识别管理较少。本书设计了基于二维码标签及普通标签的融合哑资源智能 ODN 架构，对分光器、尾纤等哑资源进行统一标识，提出了一种可调参的 Faster-RCNN 图像识别算法来对尾纤、尾纤标签、二维码、分光器等哑资源进行智能识别，从而实现哑资源统一的智能化管理。

5.1.1 哑资源网络架构及标签设计

光网络哑资源组网结构如图 5-1 所示，在光分配点有光交箱、一级分光器，用户接入点有二级分光器，一级分光器通过尾纤接续到配线段光缆，二级分光器通过尾纤接续到用户侧光猫（ONU），可对分光器进行二维码标签的命名和制作，对尾纤进行标签编码和制作，按自定义编码规则及所需承载信息内容要求生成。

---

① Faster-RCNN 是一种基于区域的卷积神经网络，用于目标检测任务。

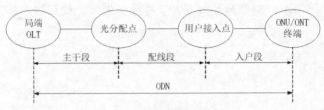

图 5-1　ODN 组网结构

二维码标签作为分光器的唯一标识，可以承载分光器所属光交或光分配箱、上下级关联及嵌套关系、分光器类型、位置、端口使用情况等重要信息。

尾纤标签可对每个尾纤进行唯一标识，可以承载该尾纤所属分光器端口、所连接下端光猫信息、客户实例编码信息等。

分光器二维码标签及尾纤标签现场粘贴后，无须更换，哑资源信息的更新、删除和修改只需要在后台系统上操作即可。

5.1.2　哑资源检测识别与建模

5.1.2.1　图片采集及标注

在数据采集阶段，通过采集 8 000 张二级分光器的现场施工照片并进行标注（图 5-2），用作识别功能的训练集。经过数据集筛选清洗，确定都存在业务场景从远景到近景的图片。为了能够精确地统计尾纤的数量，对于数据集的标注，需要能够精确地对图像中的每一个尾纤进行检测。为了能够精确地区分尾纤、尾纤标签、二维码、分光器并获得其

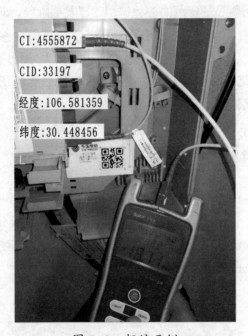

图 5-2　标注示例

数量，标注时除了采用最小外接矩形的手法，还要将标签之间的框体重叠度降低，必要时可以减少标签的大小。图片模糊且质量较低的图像需要舍弃，通过数据增强的方式重现在真实场景中可能出现的低质量图片，提升模型的鲁棒性。数据集进行清洗后保留的图像分类占比尽量与真实的业务场景比例靠近。

5.1.2.2 算法流程

在深度学习模型中使用能够进行特征融合与自适应的 Anchors（锚定框）来应用场景，同时应用 Faster-RCNN 检测模型搭建和标注规则制定。

5.1.2.3 模型搭建与改进

我们需要用特征融合的方法来使模型同时感受到检测目标的高层特征和低层特征，使卷积神经网络根据网络深度来提取目标高层特征与低层特征。特征融合能减少对颜色域和形态相似的物体的误检，提高模型的鲁棒性。在构建特征融合的算法网络后，再根据尾纤、分光器、二维码在图像中的不同大小构建不同的 Anchors 来精确地判断目标区域是否包含待检测目标。

在网络模型中加入自适应的 Anchor 聚类算法。Faster-RCNN 的 backbone（骨下网络）采用 VGG（一种卷积神经网络架构）网络搭建，将提取到的不同特征层的特征传入现阶段表现出色的 RPN 网络，使用边框回归和自适应 Anchors，然后通过加载经过 COCO 数据集训练且收敛的预训练网络权重参数，对业务场景进行冻结和预热训练。

在第一次训练完成后，由于数据集复杂，模型的效果并不理想，出现了收敛的 epoch（周期）较晚，模型收敛之后下降缓慢的现象。因此，开始尝试加深 Faster-RCNN 的主干网络 vgg16。在 vgg16 表现不尽如人意的情况下将其换成了 Resnet（一个高度模块化的图像分类网络架构）和 Resnest（一种深度卷积神经网络）来应对复杂场景。

本实验训练采用 Tesla-V100 显卡，训练和测试数据 540 张，训练轮数 150 轮，学习率调整为 0.05，采用冻结训练，50 轮解冻，经过训练，最优权重选取在第 75 轮，进行参数调优与网络优化。在多次调参和优化后，使用了提升 AP（指单个类别的平均精确度）最为稳定的 Momentum（动量算法），参数由多次实验结果调优所确定。

5.1.2.4 输出结果

通过不断对模型进行优化，实现了对图像内分光器、尾纤逐个进行精确的检测，训练出了对分光器、尾纤场景融合识别的深度学习神经网络。识别检测结果如图 5-3 和表 5-1 所示。

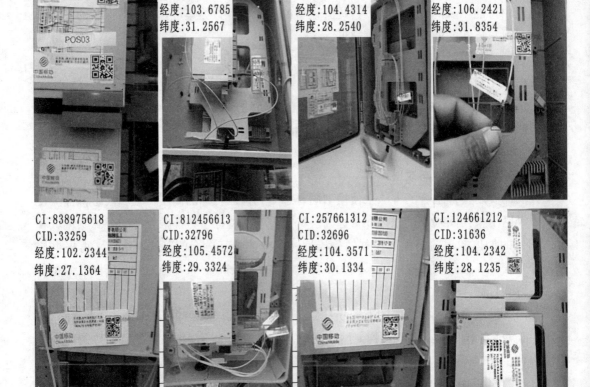

图 5-3　识别检测结果

由此可以看出尽管背景复杂，干扰条件较多，该算法仍然能够识别出实际需求中的所有信息。

表 5-1　识别结果

图片	尾纤	尾纤标签	二维码	分光器
1	—	0.976	0.995 0.997	0.992 0.978
2	0.977	0.971	0.644	0.989
3	0.997	0.996	0.901	—
4	0.975	0.997	0.996	—
5	0.990	0.937	0.994	0.990

续表

图片	尾纤	尾纤标签	二维码	分光器
6	0.984 0.634 0.935 0.855	0.997 0.850	—	0.996
7	0.984	0.810	0.995	0.991
8	—	0.995 0.984 0.943	0.994 0.994	0.995 0.992

注：表中"—"表示图中未有该分类，精度出现次数代表图中重复出现的种类，图片标号顺序为从左至右或从上至下。

因此我们设计构建的深度学习网络可以一次识别多种目标，以此实现对哑资源的一体化管理。

AP 是评判目标检测某一类别检测准确率的一个常用方法，mAP（指所有类别的平均精确度）是评判整个模型准确率的常用方法。

经过多次模型迭代训练取测试集效果最好的模型保存权重，输出权重文件。在较为复杂环境如哑资源目标角度、位置不统一，所包含哑资源种类不一样等情况下，识别精度也可以达到实际应用水平。在较复杂环境、较少样本量情况下实现了 82.96% 的识别准确率，其中二维码的准确率可达 92.45%，随着样本量增加，mAP 会有提升，但会造成训练轮数增加，造成资源浪费，相比其他人提出的图像识别方法，我们仅需 150 轮的训练即可达到较高水平，而 YOLOv3 方法在 500 轮次的训练精度仅为 39.53%，因此本模型平衡了时间资源和算法复杂度。

最终模型检测的 AP 和 mAP 如表 5-2 所示。

表 5-2 检测结果准确率

分类	AP
尾纤	0.781 2
尾纤标签	0.753 1
分光器	0.859 7
二维码	0.924 5
mAP	0.829 6

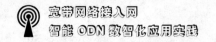

5.1.3　应用场景

在现场施工过程中，由于人工操作经常存在误插尾纤端口或者漏插端口的情况，可通过人员现场拍摄图片，使用目标检测算法，实现从分光器照片中迅速识别出拍照错误或分光器端口错误的情况，确保建设、装维工作的高效、准确。

5.1.3.1　哑资源建设场景

新建哑资源场景中，施工人员在现场将分光器安装完成后，将打印好的二维码标签粘贴在指定位置，用手机端 APP 扫描二维码，完成分光器的信息录入；同时现场对分光器拍照并上传到系统，照片需要清晰地拍摄到分光器、二维码、尾纤、尾纤标签等，通过手机终端或办公电脑登录系统进行照片的批量导入、导出。系统可根据检测识别率来判断是否按质量要求完成相关施工要素，项目管理人员可通过系统抽查虚假建设等，做好建设质量把关等工作。

5.1.3.2　哑资源维护场景

在哑资源维护场景下，维护人员通过手机终端 APP 扫描二维码，可以实现哑资源快速定位，分光器相关信息的查询、核对和修改，提升资源巡查的可操作性，实现智能维护。由于深度卷积网络对几何变换、形变、光照具有一定程度上的不变性，可以在图像分类任务中取得较好的效果，因此将调参后的 Faster-RCNN 算法应用于分光器端口连接状态检测、二维码标签、尾纤检测，可进一步提高检测准确率。通过对检测结果的数据分析，可更快、更精准地发现并定位故障，提升哑资源维护效率。

5.1.3.3　哑资源清查场景

分光器的端口占用情况可通过对 ODN 网络中分光器信息进行现场图像采集、数据分析和处理，检测输入的图像，从而统计得出分光器尾纤、尾纤标签个数等信息，将这些信息录入系统，与后台资源管理系统进行比对，即可实现哑资源的智能清查。系统具有标签智能检测和识别算法功能（即设计的识别算法），能对分光器端口使用情况进行智能识别，生成数据报表，便于对分光器数量和端口占用情况进行动态管理，提升资源精准度，提高端口利用率。

本章设计了利用二维码标签的智能 ODN 网络智能化管理系统，对哑资源进行唯一标识和信息承载。通过对多张分光器照片进行建模训练和调参，获得一种准确率高的神经网络模型 Faster-RCNN，用于识别和统计分光器、二维码、尾纤、标签等信息。基于该方法，只需要纸质标签，不需要复杂的传感器和开发板，结合后台软件即可利用数据统计和分析功能实现海量分光器哑资源的智能化管理，达到智能 ODN 的功效，有助于提升网络质量，助力做好资源清理，从而提高端口的利用率。该方法已在现网使用，有较强的工程实用价值。

5.2　基于 YOLOX 的哑资源智能清查及管理系统

传统的识别方法在处理图像时，首先需要人工提取图像的特征信息，将提取到的特征信息作为整个模型输入，随后再送入分类器。在使用深度学习方法之后，特征的提取和目标的检测可以完全交给卷积神经网络来进行。在上一节的系统应用框架下，基于 YOLOX 目标识别算法，实现了对光纤网络哑资源进行智能检测、清查及验收等功能。该算法在输入层面对原有的数据增强方式进行调整，数据处理阶段分批次采用数据增强方式模拟不同真实场景下的图片，并对深度学习的优化器进行改进，在原有随机梯度下降（Stochastic Gradient Descent，简称 SGD）的基础上引入一阶、二阶动量和 Nestrov 加速梯度算法来加快训练并有效解决 SGD 带来的无法跳出局部最优值的问题；在数据处理阶段分批次采用数据增强方式模拟不同真实场景下的图片，训练后对模型进行目标识别，同时进行合理的优化调参，通过与经典目标识别算法对比，可有效提升哑资源检测与识别的准确率、速度以及模型泛化的能力。

5.2.1　相关工作

深度学习的目标检测算法主要分为两类：Two-Stage（两阶段）和 One-Stage（一阶段）。第一种先产生候选区域 RP（一个可能包含待检测物的预选框），然后将得到的候选区域进行样本分类，常用的算法有区域卷积神经网络（Region CNN，简称 R-CNN）、空间金字塔池化网络（Spatial Pyramid Pooling Network，简称 SPP-Net）、Faster R-CNN 和基于区域候选的全卷积神经网络（Region-Based Fully CNN，简称 R-FCN）等；第二种直接在网络中提取特征来预测物体分类和位置，常用的算法有 YOLO 等。第二种算法相较第一种算法速度更快，能做到实时获取结果，以便后续处理。在网络结构设计上，YOLO 和两阶段模型主要区别点在于 YOLO 网络的训练与检测是在一个网络中进行，而两阶段模型采用分离模块生成候选框，训练的过程也是在多个模块中进行；YOLO 将物体检测视为回归问题来进行求解，输入的图像经过一次推理之后便能得到图像中待识别物体的位置信息和相应类别的置信概率。

YOLO 通过不断优化改进，有 YOLOv3、YOLOv4、YOLOv5、YOLOX 等多个版本。本文

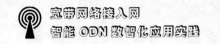

重点研究最新的 YOLO 系列算法及其优化后的 YOLOX 算法在哑资源检测中的应用。通过 YOLOX 算法在光纤网络哑资源的二维码、尾纤、分光器及标签等关键信息检测的基础上，做好网络资源实物与系统的比对清查，做到系统与现场资源信息一致。

5.2.2 算法结构及改进

5.2.2.1 算法简介

本文拟采用 YOLOX 算法及其优化后的结构实现对哑资源的检测。包括引入无锚框检测器、加入解耦头和加入一种新的标签分配策略 SimOTA（SimOTA 是基于 OTA 的一种优化，OTA 指一种动态匹配算法）。

早期目标检测研究以 Anchor-based（基于锚框）为主，设定初始锚框，预测锚框的修正值，分为 Two-Stage 目标检测与 One-Stage 目标检测，分别以 R-CNN 和单阶段多框预测算法（Single Shot Multibox Detector，简称 SSD）作为代表。后来，有学者认为初始锚框的设定对模型准确率的影响大，而且很难找到适用于不同任务需求的锚框，开始研究不依靠初始锚框的目标检测算法，让网络自行学习锚框的位置与形状，在速度和准确率上面都有很不错的表现。Anchor-free（无锚框）无须设计锚框，可减少复杂的超参数，进而使推理变得高效。YOLOX 的网络结构如图 5-4 所示。其中各个模块的意义和用途如下。

（1）Input（输入）：YOLOX 沿用 YOLO 系列使用的 Mosaic（马赛克）数据增强方法，并且引入了 Focus（切片）层。Focus 层是采用切片操作把高分辨率的特征图拆分成多个低分辨率的特征图。

（2）Backbone（特征提取主干网络）：采用了 CSPDarket53（跨阶段局部网络）。它一共有 53 层卷积网络，最后一层为全连接层，其实是通过 1×1 卷积实现的。总共 52 个卷积用于当作主体网络。

（3）Neck（特征处理）：采用了 FPN（特征金字塔）的结构进行融合。FPN 可以巧妙地将金字塔高层特征和低层特征融合，这样更有利于提升模型的性能和小目标的检测能力。

（4）Prediction（预测）：预测部分采用了解耦头、Anchor-free 检测器、标签分配策略 SimOTA 以及代价矩阵的 Loss（损失值）计算。

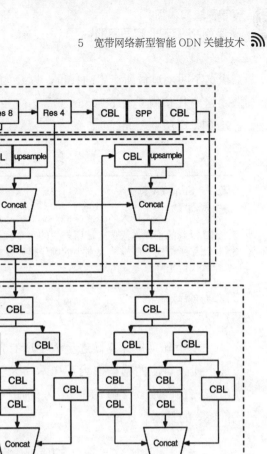

图 5-4　YOLOX 模型结构

注：其中 CBL 为卷积块，由 Convolution（卷积）、Batch Normalization（批归一化）、Leaky Relu（激活函数）这三个网络层组成。Res n 则表示经过 CBL 层后又经历了 n 次残差网络，Upsample 为向上采样，Concat 为连接，Reshape 为重组，且重组是在特征图层面上进行相应的操作。

正样本和负样本的标签分配对目标检测有重要影响。大多数目标检测器使用固定的标签分配策略。这些策略很简单：选择真实框中心点及其相邻 Anchor 为正样本；上述标签分配策略在全局训练过程中是不变的。在 YOLOX 中采用的 SimOTA 标签分配策略会随着训练过程不断变化。SimOTA 考虑的关键在于如何筛选出优质的正样本来匹配真实框，从而减少这个匹配过程所产生的代价，以及如何实现把这些锚框中心点分配给真实框的代价最低。这个代价就是 GIoU loss（广义交并比损失）和 Varifocal loss（变焦损失）。算法 1 SimOTA 算法见表 5-3。

表 5-3　算法 1 SimOTA 算法

算法 1　SimOTA 算法
1. 首先确定一个正样本的候选区域。 2. 计算得到的正样本候选区域所产生的每个预测框与当前真实框的 IoU（交并比）。 3. 将计算所得的 IoU 按从大到小的顺序排序，把排名前 k（默认为 16）的 IoU 进行求和。 4. 计算代价矩阵。 5. 将代价矩阵的值按顺序排列。取前 k 个代价最小的预测框作为当前最终的正样本，将剩下的预测框作为负样本。

Cost 矩阵直接计算候选区域中所有预测框和真实框的损失。对于每个真实框，选择与最小损失对应的锚框作为正样本。为了使 SimOTA 中的代价函数与目标函数保持一致，使用 Varifocal loss 和 GIoU loss 的加权和，即分类与回归损失的加权和作为代价矩阵。代价矩阵的具体公式是：

$$C_{ij} = L_{ij}^{cls} + \lambda L_{ij}^{reg} \tag{1}$$

其中，C_{ij} 为代价矩阵，L_{ij}^{cls} 和 L_{ij}^{reg} 分别为分类和回归的损失值，λ 为加权值，取值范围为（0，1）。

5.2.2.2　算法改进优化

考虑到模型优化器的选择对模型训练和精度的影响，不同的优化策略对模型的训练结果有很大的影响，因此我们优化 YOLOX 的优化器 SGD（随机梯度下降），引入一种新的优化器 SGDMN（一种基于 SGD 的优化算法），SGDM 为了抑制 SGD 局部震荡，加快学习过程，加入一阶动量 m_t：

$$m_t = \beta_1 \cdot m_{t-1} + (1 - \beta_1) \cdot g_t \tag{2}$$

V_t 为当前参数的梯度，除此之外尝试引入二阶动量 V_t，并充分利用一阶和二阶动量，β_1 和 β_2 为指数衰减率，进一步改进优化器：

$$V_t = \beta_2 \cdot V_{t-1} + (1 - \beta_2) \cdot g_t^2 \tag{3}$$

这样可以避免二阶动量持续累积而导致训练提前结束的问题。在此基础上我们进一步加入 NAG（一种基于梯度下降的加速算法）进一步加速训练，它在动量方法中加入了校正因子，使得该方法能防止大幅振荡，不会跳过最小值，并对参数更新更加敏感。表 5-4 为改进后的算法 2 SGDM：

表 5-4　算法 2 SGDM

算法 2 SGDM
1. 从训练集中采集 m 个样本 $\{x^1, x^2, x^3, ..., x^m\}$
2. 计算参数预测 $\tilde{\theta} = \theta_{k+1} + \alpha v_{k-1}$
3. 计算梯度估计：
$\nabla_{\theta_{k-1}} J(\theta_{k-1}) \leftarrow \dfrac{1}{m} \nabla_{\theta_{k-1}} L(f(x^i, \tilde{\theta}), y^i)$
4. $t = t + 1$
5. 更新有偏矩估计：
$m_t = \beta_1 m_{t-1} + (1 - \beta_1) \nabla_{\theta_{k-1}} J(\theta_{k-1})$
6. 更新有偏矩估计：$v_{\theta_t} = \beta_2 v_{\theta_{t-1}} + (1 - \beta_2) \nabla_{\theta_{k-1}} J(\theta_{k-1}) \odot \nabla_{\theta_{k-1}} J(\theta_{k-1})$
7. 修正偏差：
$\widehat{m_t} = \dfrac{m_t}{1 - \beta_1}, \hat{v}_{\theta_t} = \dfrac{v_{\theta_t}}{1 - \beta_2}$ ，
8. 计算参数更新数量：
$\Delta\theta \leftarrow -\varepsilon \dfrac{\widehat{m_t}}{\sqrt{\hat{v}_{\theta_t}} + \sigma}$
9. 更新并输出参数 θ：
$\theta_t \leftarrow \theta_{t-1} + \Delta\theta$

注：算法中 ε 为学习率，θ 为初始参数，σ 为常数，β_1 和 β_2 为指数衰减率，m_t 为初始化一阶矩变量，v_{θ_t} 为初始二阶矩变量，并将 m_t 和 v_{θ_t} 初始化为 0，x^i 为样本，$L(f(x^i, \tilde{\theta}), y^i)$ 为每个样本损失值，$\nabla_{\theta_{k-1}}$ 为参数的梯度，$\nabla_{\theta_{k-1}} J(\theta_{k-1})$ 为经过一次调整之后新的参数值，α 为超参数，取值范围为 $\alpha \in (0,1]$，$\odot$ 为乘法操作，步长初始化 t = 0。

5.2.3　实验分析

5.2.3.1　训练数据准备

本文采用改进优化的 YOLOX 算法，首先需要准备数据集，用于模型训练学习。YOLO 所需要数据集由两部分组成，一部分是训练的原始图片（图 5-5），一部分是原始图片对应的检测目标标注文件。YOLO 的标注文件的内容为：每一段为一个检测目标的信息，关键信息包括 5 个字段，分别表示类别和真实框在图中所处位置的坐标信息。

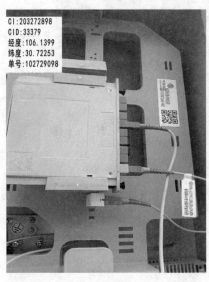

（a）图像1　　　　　　　　　　（b）图像2

图 5-5　原始图像

本文使用的训练数据均来自根据运营商新建资源入网规范要求上传验收系统的分光箱全景图片。首先在哑资源预验收系统中采集了 5 000 张分光箱图片。由于受施工人员手机像素、照相时光线、拍摄角度等因素的影响，部分图片没有完全包含所需检测的目标或图片质量过差无法参与模型的训练，这样的图片参与训练会直接影响训练结果和后续实际场景的应用。因此，在此基础上，筛选出质量符合标准，正面或有一定倾斜角（±15°以内），目标类型足够且清楚的图片 1 358 张，按照 9:1 划分训练与验证集合。其中 1 222 张作为训练集，136 张作为验证集。在相同条件下与 YOLOv4、YOLOv5 等进行对比试验。

在进行图像预处理时，用 Labelimg（图像标注工具）对图片进行标注，将所要检测的物体分为四个类：ewm（二维码）、wx（尾纤）、fgq（分光器）、wxbq（尾纤标签）。由于样本数据存在不平衡现象，因此尽可能将数量多的样本放入训练集中。同时，在训练过程中需要时常在验证集上监测误差，在验证集上如果损失函数不再显著降低，则应该提前结束训练。因此加入了训练的一个技巧——早停，使用该方法可以在模型整个训练过程中保存结果最优的参数模型，防止训练过拟合。这里设置初始图像输入尺寸为 640 像素 ×640 像素 ×3 像素，采用冻结训练方法，总世代（Epoch）300，冻结 50 世代后解冻训练。在训练过程中分阶段性地打开或关闭 Mosaic（马赛克）数据增强，通过调整优化器来选择初始学习率，打开标签平滑和余弦退火来实时更新学习率。

5.2.3.2　评价指标

使用不同的性能指标对算法进行评价往往会有不同的结果，也就是说模型的好坏是相对的。方法的好坏不仅取决于算法和数据，还决定于任务的需求。因此选取一个合理的模型评价指标是非常有必要的。这里主要应用精确率、召回率、单类别平均精度（AP）、多类别平均精度（mAP）、F1 分数（F1-Score）来对模型进行评估。

目标检测算法中交并比（IoU）的选择目标检测算法中最常用的阈值为 0.5，当 IoU 阈值大于 0.5 时，认为是有效检测，否则为无效检测。无效检测或者对于同一个目标的重复检测数量记为 FP，FN 为未检测到的真实的数量。使用 Precision 和 Recall 来衡量模型的优劣，但是同时要权衡这两个量，所以可以使用 F1-Score 来组合这两个量，也是 Precision 和 Recall 两个指标的调和平均值，它们三个的平均值越大越好。

5.2.3.3　实验结果分析

实验结果以分光器为例展示评价指标，通过图 5-6 可以看出经过 YOLOX 算法的计算，分光器 AP_0.5[Average Precision（IoU=0.5 以下简称 AP），即将 IoU 设为 0.5 时，计算该类的所有图片的 AP]。分光器（fgq）AP：1.0、尾纤（wx）AP：0.99、二维码（ewm）AP：1.0、尾纤标签（wxbq）AP：0.99，所有种类的 mAP：99.3％。由于粘贴在尾纤上的标签位置不同，导致在图片上的形状不一，这对预测精度有一定影响，但都在 0.99 以上。通过对未参与训练的图片测试，能够很好地进行目标识别。

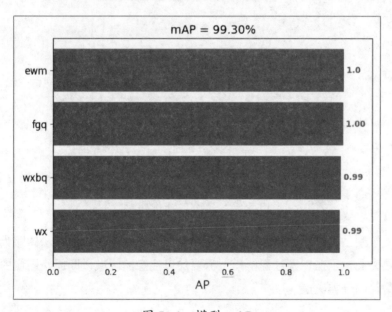

图 5-6　模型 mAP

从图 5-7 分光器指标的 Precision（准确率 P）中可以看出随着阈值的不断增大，真正预测正确的数量也在增多，P 最终不再发生变化；从 Recall（召回率 R）图 5-7（b）中可以看出在 0.9 之前都可以稳定取得极值，说明此时预测正确的数量与真实目标的比值趋于稳定；图 5-7（c）中 F1-Score（F1 分数）则是同时考虑了 P、R 两者的影响。如果 F1 值为 1 则说明模型最优，但在实际情况中 F1 的值往往无法取到 1，因此 F1 的值越大，则

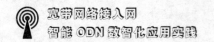

说明模型的性能越好；AP 则考虑单一种类的识别准确率，是基于 R 和阈值的大小来计算出的均值。总之，三者值越大则说明模型的效果越好。图 5-7 列出了分光器种类的各项评价指标。

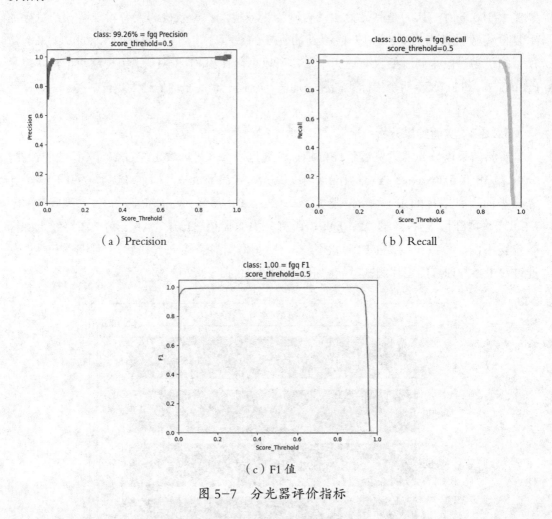

（a）Precision
（b）Recall
（c）F1 值

图 5-7　分光器评价指标

本文算法识别结果展示和热力图如图 5-8 和图 5-9 所示；识别展示图即为在实际场景中的应用。热力图表示在识别过程中模型需要加以注意的区域，即原始图像的哪些位置让模型做出了最终的分类决策。

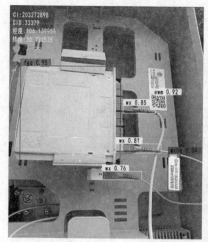

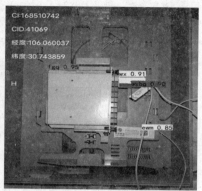

图 5-8　识别结果图

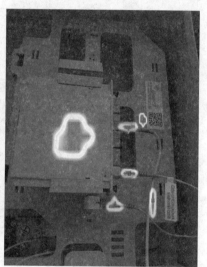

图 5-9　热力图

　　目标识别算法优劣的直接评价指标为算法识别的平均精度 mAP，表 5-5 列出了文中算法以及 YOLOv4、YOLOv5、Faster-RCNN 等识别算法的识别精度对比。可以看出，优化改进后的 YOLOX 算法精度最高为 99.30%。通过对维护人员的拍摄进行统一规范化，上传的图片质量得到显著提升，从技术创新和工程管理方面不断迭代优化，检测精度得以提升，结合工程管理要求，可不断提升哑资源质量。

表 5-5　不同算法实验对比

算法	准确率 /%
YOLOX	99.30
YOLOv4	97.66
YOLOv5	99.14
Faster-RCNN	82.96

5.2.3.4　场景应用

哑资源管理中施工人员很容易由于操作失误导致端口信息错误，进而导致溯源困难，安装维护工作困难。

二维码和标签条形码的本质是利用黑白图形或者黑白线条来存储数据信息，施工人员只需在安装好分光器之后，粘贴好对应的二维码，贴好对应的尾纤标签之后，按照规定的标准进行拍照，照片应该包含所识别的所有目标，基于本文检测算法的应用系统可以实现对作业人员粘贴二维码及标签情况进行快速质检监督，提升现场资源准确性及规范性。通过在哑资源验收系统设定质检标准，通过手机拍摄照片上传的四个检测目标 mAP 均超过 90%，即可通过验收。对于不符合验收要求的图片则要求作业人员重新拍照上传，直到合格后才能成功通过验收，从而提升现场作业质量。

在现场资源清查、装机及维护等作业中，维护人员可以用专用的清查软件工具，通过二维码识别后获取现场信息，并与系统中记录的信息做对比，如对分光器每个端口上的客户实例编码（客户占用宽带端口的唯一编码标识信息：如 20965720589）进行校正。

资源清查实例：

（1）资源清查人员现场扫分光器上的二维码查询选择待清查的二级分光器。

（2）查询返回分光器信息关联的 OLT、PON 口信息。

（3）拔去或弯曲待清查端口尾纤，获取有传输网管监测告警的客户实例编码信息，并与现场标签上的进行对比；如一致则表明该端口资源准确且客户在用；如不一致则需要更新现场标签的客户实例编码；如某现场有尾纤但无告警，则该端口客户可能不在线或已退网。

（4）所有端口测试完成后提交测试结果给后端，后端记录清查结果并对当前相关资源及业务信息表数据进行更改。

通过以上步骤可将各端口客户实例编码信息与后台修正保持一致，可以清理出虚占端口，节省扩容投资。当客户使用时出现问题，维护人员到现场仅需扫码或获取并录入相关标签信息，通过后台软件即可导出相关故障或光功率等信息，对相关端口故障进行快速排查处理。

本章将深度学习算法 YOLOX 引入到 ODN 哑资源目标检测中，通过卷积神经网络中的特征提取与分类特性，并建立适合该场景的目标检测模型，为 ODN 智能管理提供依据，模型识别准确精度超过 99%，高于 YOLO 系列和两阶段精度较高的 Faster-RCNN 算法，足够应用到实际工程之中，通过目标检测算法的落地可实现智能检测，可以大大减少后台人员的核对工作，解决人工管理带来的效率低、数据信息无法及时更新等问题。通过质检不断推动现场作业人员提高作业质量，提升设备拍摄图片的质量，从而进一步提升检测精度。基于 YOLOX 算法的系统也为嵌入式哑资源目标检测系统提供了新思路，未来可以考虑用更庞大的数据集以及各种背景环境下的真实图片来进一步提高模型鲁棒性，或采用图像增强相关技术在识别之前对其进行有针对性的降噪平滑处理，提高模型泛化能力；亦可通过 OCR（光学字符识别）技术来识别客户实例编码信息，可用于识别文字、数字等数据信息的录入修改，更进一步减轻现场工作人员的作业负担。

5.3　智能光纤跳纤机器人

5G 时代，在数字化的浪潮中，运营商积极探索数字化转型的方法，而光纤光缆等哑资源作为通信网络的最基础、最底层的物理承载实体，在蓬勃发展的通信路上却是近十年才开始受到真正的关注，人们开始探索可视化、数字化和智能化的管理手段。作为从概念向应用发展的 AIoT 即"人工智能＋物联网"符合当前行业应用的需求，AI 赋能 IoT 发展，成为传统行业数字化转型的最佳通道、新兴产业发展的重要基础。

智能光配线管理系统由基于人工智能的智能光配线设备和基于数字孪生技术的可视化平台软件组成。智能光配线柜（HG-IODC）属于前端控制执行层，智能光配线柜可通过有线网络直接由后台的可视化智能光配线管理平台进行管理与维护。智能光配线柜自动执行光纤交叉连接、记忆连接动作并反馈交叉连接结果，软件平台以强大的建模和仿真能力孪生出所有光缆纤芯的物理状态，在光通信系统数字孪生架构及态势感知交互、故障智能研判及运行风险预警、辅助决策分析等领域可起到积极的作用，实现光纤网络资源管理的数字化、可视化、自动化及智能化，打造端到端的全景可视化的哑资源调度管理体系，匹配国家数字经济发展战略。

5.3.1　智能光纤跳纤机器人关键技术

5.3.1.1　防缠绕技术

根据空间异面直线化光纤空间关系及绳结理论，判断两条空间异面直线在有限区间内的空间关系，形成高穿低跨的无缠绕配线路径。实现海量线缆路径自主管理、线缆自动跳

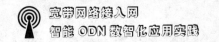

接，任意两根光纤交叉跳接不缠绕；任意次数的跳纤不缠绕。

5.3.1.2 全容量交叉技术

ODF 架跳接主要是为了实现从一个方向的光纤向另一个方向连接。机器人技术上，纵横交叉矩阵式是最直观、最容易实现的。纵横交叉矩阵由纵向和横向两个机械手分别操作两个方向的光纤，造成单一方向无法连接，即只能做到"Any A to Any B"，无法完成"Any to Any"。全容量交叉技术打破常规，创新设计，实现了全容量的全交叉连接，所有端口"Any to Any"。

5.3.1.3 机械手臂技术

光纤配线机器人由控制模块、机械手驱动组件、业务传输系统组成，见图 5-10。

控制模块：其是智能光纤配线机器人的大脑，内外部各模块的协作控制命令均由其完成。

机械手驱动组件：该组件根据控制模块发送的指令进行光纤编号智能识别，执行自动智能跳纤操作。

业务传输模块：接收上级中心发来的测试任务，指挥 OTDR（光时域反射仪）模块接收指令，实现对指定链路的测试。

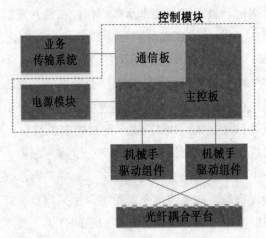

图 5-10　机械手臂技术示意图

5.3.1.4 远程操控技术

平台采用 B/S 架构进行设计，分为数据层、模型层、应用层，共计 3 层，见图 5-11。数据层通过配线机器人完成数据采集和传感，通过传输网对接资管系统实现其他基础信息的采集；模型层实现对基础数据的建模和仿真，包括资源模型、路由算法模型等。应用层提供故障定位、健康检查、路由规划、远程诊断等功能性应用。平台与光纤配线机器人联动实现光缆资源可视化、业务一键开通、故障快速恢复以及光缆运行状态实时监测三大核心功能。

（1）数据层——为信息采集和传感层，主要由光纤配线机器人来完成数据采集和传送；同时可以定制化开发系统，比如对接资管系统、综合网管系统、传输网管等系统，最终完成光缆数据、节点数据、场站数据等的采集和传送；也可以采用人工的方式进行初始基础数据的录入和配置。

（2）模型层——为建立在精准、全面数据下的建模和仿真，主要是对采集到的光纤资源基础信息进行大数据分析和建模仿真，为更上层提供数字化应用模型。

（3）应用层——为光纤资源管理的应用功能，包括设备检测、故障诊断、光路质量检测、智能路由规划、远程调度等，除了一些基础的光缆通用应用技术外，可以根据具体生产场景进行定制化的功能开发。

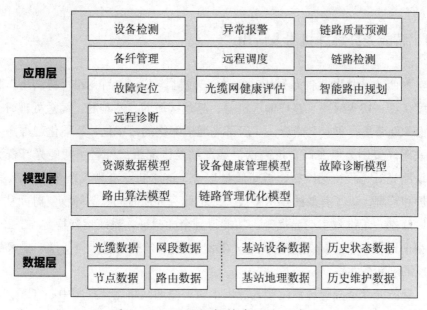

图 5-11　远程操控技术平台示意图

5.3.2　智能光纤跳纤机器人基本架构

智能光纤资源管理系统由祺迹云光纤资源管理平台（VR-MODN）和智能光纤配线机器人（AFS）两部分组成。VR-MODN 属于后台管理软件，通过数字化建模、仿真和孪生实现各种应用；AFS 则属于前端控制执行层，由智能控制模块、AI 跳纤模块、测试控制模块、机械臂组件、配线单元及电源模块等组成。AFS 可通过有线网络或 4G/5G 无线网络组网，直接由后台的 VR-MODN 进行管理与维护。AFS 自动执行光纤交叉连接、记忆连接动作并反馈交叉连接结果和自身运行状态，彻底颠覆目前依靠人工到现场进行光纤调度的模式，综合解决了 ODN 网络的远程自动操控、在线监测以及资源综合管理问题，实现光分配网络的自动化跳纤、可视化管理、智能化运维。智能光纤资源管理系统打造端到端的全景可视化

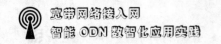

的哑资源调度管理体系，提高运维效率，降低业务压力。

5.3.3 智能光纤跳纤机器人基本原理

智能光配线技术是一种基于人工智能、传感和机电控制的智能化哑资源运营管理技术，具有自动光纤交叉连接、记忆并呈现端口连接状态、在线性能监控等功能。智能光配线技术改变了目前依靠人工现场光纤调度的模式，实现传统通信网络的远程操控、链路开通、在线监测以及光纤、端口资源的电子化管理，实现集中化、标准化、规范化、信息化、统一化、可视化的管理目标，提高工作效率、节省人力成本、加快开通调度业务速度。

5.3.4 智能光纤跳纤机器人应用

国家电网西北（甘肃、青海）AFS（光纤配线机器人）产品亮相"特高压"机房，获得客户高度认可。切实解决了客户偏远机房、高危区域的上站难题，缩短处理时长约 6 小时，消除近 400 公里行车安全隐患，实现了光通信网络的数字化、智能化运维。

上海铁路局集团公司在商合杭高铁沿线车站及区间机房部署了智能光纤资源管理系统，实现铁路光纤远程快速跳接、链路质量巡检、链路断点检测、光纤资源管理等功能，为光纤维护和管理提供了有效的技术手段。通信业务开通时间、故障恢复时间从小时级别缩减到分钟级别，运维效率明显提升，功能得到全面验证，系统运行稳定。2022 年 3 月，该项目获得中国铁路上海局集团有限公司 2021 年度科学技术进步一等奖，是高铁沿线通信数字底座的创新性实践。

例如，智能光纤资源管理系统接入深圳市轨道交通网络运营控制中心（NOCC）二期工程建设的线网系统中，建立高速、双向、实时、集成的数字化、智能化通信系统，节约深圳地铁在光纤通信网络上投入的下站维护成本，大大提升了业务建立和开通效率，为深圳市轨道交通运营调度系统提供强有力的通信保障。项目在 NOCC 控制中心及下游三个干线节点部署了智能光纤资源管理系统，实现了不同线路光缆的集中监控和共享复用，完成对轨交全网光纤资源按需、及时、远程调度，达到 NOCC 与关键线路的光缆纤芯调度数字化、可视化、自动化及智能化。

5.3.5 四川移动智能光纤跳纤机器人实验

5.3.5.1 实验目的

通过在天府创新实验室搭建光配线机器人设备，模拟在生产环境中的光缆监控、故障恢复、资源检测、光缆健康分析等应用，验证光配线机器人对资源管理、网络保障及恢复的积极作用。

5.3.5.2 试验组网图

试验组网图见图 5-12。

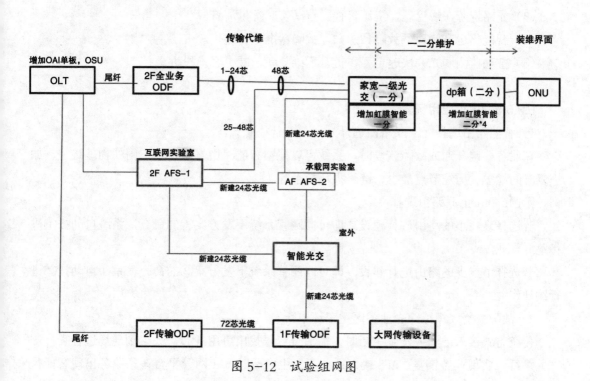

图 5-12 试验组网图

5.3.5.3 设备清单

设备清单见表 5-6。

表 5-6 设备清单

序号	货物名称	型号规格及主要配置	数量	备注
1	智能光纤资源管理系统平台	VR-MODN	1	实现 ASF 远程跳纤控制、光纤测试控制、设备管理等功能
2	VR-AFS 96A	VR-AFS 96A（含机芯、机芯线缆、机壳等）	3	
3	VR-AFS 室内机柜	定制机柜	2	深 800 毫米 × 宽 800 毫米 × 高 2 200 毫米
4	AOCC 户外机柜	定制机柜	1	深 950 毫米 × 宽 1 710 毫米 × 高 1 330 毫米
5	服务器	戴尔 R740	1	
6	交换机			

5.3.5.4　实验功能

（1）光缆纤芯资源管理、纤芯业务标签电子化、现场自动倒换纤芯。

（2）智能运维对空余纤芯测试、管理等模拟演示。

（3）光路资源在线管理，资源可视，自动实时批量清查。

（4）智能化运维管理，故障预感知，故障精准定界定位。

（5）主动监测弱光并快速定界，提升运维效率，减少客户投诉。

5.3.5.5　模拟应用场景

1）智能路由选择（上联路由选择）

在业务一键开通或故障恢复时，系统可以根据智能路由算法推荐不同的物理路径，如恢复时间最短、历经节点最少、链路损耗最小等。

示例：OLT 上联路由选择

若选择衰耗小的路由进行建设，即可向网管系统下发方案①的命令，系统自动按①进行跳纤作业。

若选择节点少的路由进行建设，即可向网管系统下发方案②的命令，系统自动按②进行跳纤作业。

2）故障恢复（模拟综合业务区主干环中断）

传统方式接入：业务发生中断时，需清查台账找出可用纤芯，人工到现场进行衰耗测试并跳纤，实现业务恢复。AFS 接入：业务发生中断时，在网管平台该条业务出现智能恢复选项。系统根据接入光缆情况推荐不同物理路径提供多种恢复方案，在确认倒换前可进行 OTDR 测试获取纤芯质量，人工确认后整条链路所有设备同时跳纤，完成业务的快速恢复。

示例：将 2F AFS、1F AFS 及智能光交模拟成综合业务区主干环，有线宽带业务由路径 1 实现，有如下故障场景可通过网管系统下发指令，快速恢复业务或派单给维护，以便及时处理故障，场景如下。

若网管系统发智能光交 -2F AFS 光纤中断，存在第二路由可以选择时，系统会给出按路径 2 方案来快速恢复业务。

若网管系统发智能光交 -2F AFS 光纤中断，未发现有第二路由可用，系统会根据维护界面，快速给相关维护单位派单，进行业务恢复。

若网管系统发智能光交 -2F AFS 在用纤芯衰耗大或存在弱光，网管人员可发起跳纤动作，将在用业务切换至备用纤芯上，以此快速恢复故障，提高用户感知。

3）故障恢复（光交 - 小区光交在用光缆中断或纤芯衰耗大）

传统方式接入：业务发生中断时，需清查台账找出可用纤芯，人工到现场进行衰耗测试并跳纤，实现业务恢复。AFS 接入：业务发生中断时，在网管平台该业务出现智能恢复选项。系统根据接入光缆情况推荐不同物理路径，并提供多种恢复方案，在确认倒换前可进行 OTDR 测试获取纤芯质量，人工确认后整条链路所有设备同时跳纤，完成业务的快速恢复。

示例：将 2F AFS、1F AFS 及智能光交模拟成综合业务区主干环，有线宽带业务由路径 1 实现，有如下故障场景可通过网管系统下发指令，快速恢复业务或派单给维护人员，以便及时处理故障，场景如下。

若系统发现智能光交 - 小区光交纤芯衰耗大，网管系统会给出在智能光交侧切换到备用纤芯，同时给维护单位派发故障工单，由维护人员在小区光交侧进行对应纤芯的跳接，以此快速恢复业务。

若系统发现智能光交 - 小区光交光缆中断，网管系统会给维护单位派发故障工单，由维护人员在现场进行故障修改。

4）OTDR 定向测试 / 例测

通过平台，可远程操控通过内置 OTDR 对接入纤芯进行测试获取断点位置或纤芯质量。也可设置定期例行测试任务，对所有空余纤芯进行轮询测试。

5）哑资源可视化

通过数字孪生技术，把光缆这类无源资源映射到系统平台，端口信息通过不同颜色标注占用、空闲、损坏等信息；业务路径全细节展示，可以展示某业务路径所有节点的详细信息；光缆资源拓扑展示。

5.3.5.6　产品价值

在规模部署后将有效节约日常维护中的跳纤、巡检等费用；通过资源精准掌控，盘活既有资产，可以较大幅度降低光缆建设总量，节约光缆建设投资。

1）节约 OPEX（运维成本）

可以节约日常运维中的跳纤、纤芯例测和资源普查等运维费用。

2）节约 CAPEX（投入成本）

光纤资源的精确掌控，可以较大提高现网光纤利用率，减少光缆的建设总量，节约光缆建设投资。

3）匹配业务发展，指导投资模型建设

基于精准的纤芯资源基础信息及准确、翔实的纤芯资源变化记录，可以构建纤芯资源智能调度算法、与业务发展适时匹配的资源建设投资模型等多种人工智能应用，消除现网同路由、超大汇聚节点、超大接入环等现象，建设高效、健康、安全、具有弹性的 ODN 网络，提高建设资金的利用效率，有效降低资金成本。

5.3.5.7　与 DQ ODN 融合组网探索

将智能光纤资源管理系统、华为 DQ 虹膜与数智 ODN 三个系统进行融合建设，能有效

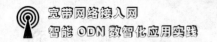
提升光纤资源及有线宽带端口等哑资源管理的能力。可以达到如下效果。

（1）提高哑资源管理水平。

（2）通过虹膜对在用业务进行实时监测，当光缆故障中断时发出告警信息，运维人员可操作智能光纤资源管理系统进行光纤切换并快速恢复业务，完成业务的"故障自愈"。

（3）光缆纤芯资源管理、纤芯业务标签电子化、现场纤芯自动倒换。

（4）智能运维对空余纤芯测试及管理。

（5）提升 PON 端口宽带利用率。

（6）场景化的家宽故障诊断及修复能力。

（7）端口 / 线路资源数据保鲜，动态精准。

（8）提升家宽上网满意度，改善"慢、断、低"问题。

（9）改善 ONU 弱光率，提升用户体验。

（10）线路质量可视可管，故障提前预判。

5.4 总结及展望

宽带网络具有高速、大带宽的网络连接，能为用户提供快速、稳定和高质量的互联网接入服务。未来，宽带网络的发展将有以下几个展望。

更高的速度和更大的带宽：随着互联网应用的不断增多和数据传输需求的增加，未来宽带网络将提供更快的速度和更大的带宽，以满足用户对高清视频、虚拟现实、云计算等大数据应用的需求。

5G 和光纤网络的普及：5G 技术的商用化将进一步推动宽带网络的发展。5G 网络具有更低的延迟、更高的容量和更稳定的连接，将为用户提供更快速和高效的互联网体验。同时，光纤网络的普及也将提供更快速和稳定的宽带连接。

边缘计算和内容分发网络的应用：边缘计算将计算和存储资源移动到网络边缘，可以加速数据处理和内容传输，提高用户的响应速度和体验。内容分发网络则通过在全球范围内分布服务器，将内容缓存到离用户最近的位置，减少数据传输的延迟和拥塞。

云计算和物联网的发展：云计算的普及将进一步推动宽带网络的发展。云计算需要大量的数据传输和处理能力，宽带网络可以提供高速、稳定的网络连接，支持云计算服务的运行。此外，物联网的普及也将增加对宽带网络的需求，连接和管理大量的物联网设备需要稳定和高效的网络连接。

安全和隐私保护的加强：随着互联网的普及和数据的增加，网络安全和隐私保护愈发重要。未来的宽带网络将加强对用户数据的保护，采用更加安全的通信协议和加密技术，提供更可靠和安全的网络连接。

总之，未来宽带网络的发展将以更快的速度、更大的带宽、更低的延迟和更好的安全性为目标，以满足用户对高质量互联网服务的需求，并推动数字经济和人工智能等领域的发展。

参考文献

[1] 谭振建 . 光接入网的规划考虑 [J]. 电力系统通信，2001(2):4-5+9.

[2] 刘珊 . 宽带将成为我国经济升级版的基础设施 [J]. 现代电信科技，2013，43(9):1-4.

[3] 马伟，梁忠诚，范红，等 . 智能 ODN 技术在 FTTx 网络中的应用分析 [J]. 光通信技术，2017，41(11):16-17.

[4] 阮好凡 . 试析智能 ODN 光分配网络的技术应用 [J]. 通讯世界，2014(23):29-30.

[5] 赵燕，丰子杰，胡春，等 . 智能 ODN 在中国联通光纤接入网领域的研究与应用 [J]. 移动通信，2017，41(20):39-46.

[6] 赵辑肖，范红，梁忠诚 . 基于光波检测的智能 ODN 故障管理系统 [J]. 光通信技术，2019，43(2):34-37.

[7] 尹志威，朱金荣，易峰，等 . 智能光配线网络技术的研究 [J]. 光通信研究，2014(6):35-37.

[8] 许洁松，欧秀惠，叶桂添 . 智能 ODN 建设部署及建设方式研究 [J]. 移动通信，2015，39(6):25-29.

[9] 赖淮庭，方军帅 . 中国移动智能 ODN 技术应用的研究与实践 [J]. 信息通信，2014(12):210-212.

[10] 宋继恩，李杰，夏芸 . 智能化光网络哑资源管理系统研究 [J]. 邮电设计技术，2018(2):79-83.

[11] 阳胜伍 . 二维码标签技术在通信哑资源管理中的应用 [J]. 电信技术，2019，No.546(S1):74-76.

[12] 李想，陈玮 . 试论基于 YOLOv3 的分光器端口状态检测 [J]. 科学与信息化，2019(7):38-39.

[13] 杜传业，刘波 . 基于图像识别的分光器端口分析方法 [J]. 数据采集与处理，2019，34(1):183-188.

[14]Ren S, He K, Girshick R, et al.Faster R-CNN:Towards Real-Time Object Detection with Region Proposal Networks[J].IEEE Transactions on Pattern Analysis & Machine Intelligence, 2017, 39(6):1137-1149.

[15]桑军，郭沛，项志立，等.Faster-RCNN 的车型识别分析 [J].重庆大学学报，2017, 40(7):32-36.

[16]史凯静，鲍泓，徐冰心，等.基于 Faster RCNN 的智能车道路前方车辆检测方法 [J].计算机工程, 2018, 44(7):36-41.

[17]李祥兵，陈炼.基于改进 Faster RCNN 的自然场景人脸检测 [J].计算机工程，2021, 47(1):210-216.

[18]Srinivasu P N, Sivasai J G, Ijaz M F, et al.Classification of Skin Disease Using Deep Learning Neural Networks with MobileNet V2 and LSTM[J].Sensors, 2021, 21(8):2852.

[19]Wang S, Liu Y, Qing Y, et al.Detection of Insulator Defects With Improved ResNeSt and Region Proposal Network[J].IEEE Access, 2020, 8:184841-184850.

[20]Piry S, Luikart G, J-M C.Computer note.BOTTLENECK:a computer program for detecting recent reductions in the effective size using allele frequency data[J].Journal of Heredity, 1999, 90(4):502-503.

[21]Li L, Qin S, Lu Z, et al.Real-time one-shot learning gesture recognition based on lightweight 3D Inception-ResNet with separable convolutions[J].Pattern Analysis and Applications, 2021,24(23):1-20.

[22]Xie S, Girshick R, P Dollár, et al.Aggregated Residual Transformations for Deep Neural Networks[C]//IEEE Conference on Computer Vision and Pattern Recognition (CVPR).IEEE, 2016:1-10.

[23]张国峰，艾斯卡尔·艾木都拉.双边滤波下局部强度与梯度融合的小目标检测 [J].电讯技术, 2019, 59(11):1357-1363.

[24]Tao C, Y Jin, Cao F, et al.3D Semantic VSLAM of Indoor Environment Based on Mask Scoring RCNN[J].Discrete Dynamics in Nature and Society, 2020:1-14.

[25]Kingma D, Ba J .Adam: A Method for Stochastic Optimization[J].Computer Science, 2014:1-15.

[26]J Kang, Fernandez-Beltran R, Duan P, et al.Deep Unsupervised Embedding for Remotely Sensed Images Based on Spatially Augmented Momentum Contrast[J].IEEE Transactions on Geoscience and Remote Sensing, 2021, 59(3):1-13.

[27]Tianqi, Hong, Ashhar, et al.Optimal Power Dispatch Under Load Uncertainty Using a Stochastic Approximation Method[J].IEEE Transactions on Power Systems, 2016, 31(6):4495-4503.

[28] 戴朝霞，李锦欣，张向东，等 . 基于 DNGAN 的磁共振图像超分辨率重建算法 [J].
计算机科学，2022，49(7):113-119.

[29]Cao Danyang, Yang Shaobo.A Method based on Faster RCNN Network for Object
Detection[J].Recent Advances in Computer Science and Communications, 2022, 15(9):
1239-1244.

[30] 刘晋川，黎向锋，叶磊，等 . 基于改进 RetinaNet 的行人检测算法 [J]. 科学技术
与工程，2022，22(10):4019-4025.

[31]Zhao Haipeng, Zhou Yang, Zhang Long, et al.Mixed YOLOv3-LITE: A Lightweight
Real-Time Object Detection Method[J].Sensors, 2020, 20(7):1861.

[32]Jiang Mei, Song Lei, Wang Yunfei, et al.Fusion of the YOLOv4 network
model and visual attention mechanism to detect low-quality young apples in a
complex environment[J].Precision Agriculture, 2022, 23(2):559-577.

[33]Yang Zuomin.Activation Function: Cell Recognition Based on YoLov5s/m[J].Journa
l of Computer and Communications, 2021, 9(12):1-16.

[34]Liu Changhong, Xie Ning, Yang Xingxin, et al.A Domestic Trash Detection Mode
l Based on Improved YOLOX[J].Sensors, 2022, 22(18): 6974.

[35] 王灿，刘永坚，解庆，等 . 基于软标签和样本权重优化的 Anchor Free 目标检测
算法 [J]. 计算机科学，2022，49(8):157-164.

[36] 刘婧怡，高国飞 . 基于 YOLOv4 和标签相关性的人脸属性识别算法研究 [J]. 信息
技术与信息化，2021(2):221-225.

[37] 陈鸿龙，刘东永，倪志琛，等 . 基于 YOLO 的四旋翼无人机人脸识别实验平台 [J].
实验技术与管理，2020，37(10):107-111.

[38]Wei Hongjian, Huang Yingping .Online Multiple Object Tracking Using Spatial P
yramid Pooling Hashing and Image Retrieval for Autonomous Driving[J].Machines, 2022,
10(668):668.

[39]Yi Xinlei, Zhang Shengjun, Yang Tao, et al.A Primal-Dual SGD Algorithm
for Distributed Nonconvex Optimization[J].IEEE/CAA Journal of Automatica Sinica ,
2022, 9(5):22.

[40]Wang Chen, Zhang Liqiang, Yan Tianpeng, et al.Research on the state detectio
n of the secondary panel of the switchgear based on the YOLOv5 network model[J].Journa
l of Physics: Conference Series, 2021, 1994(1):012030 (6pp).

[41] 林成创，赵淦森，尹爱华，等 .AS-PANet: 改进路径增强网络的重叠染色体实例
分割 [J]. 中国图象图形学报，2020，25(10):2271-2280.

[42] 王攀杰，郭绍忠，侯明，等 . 激活函数的对比测试与分析 [J]. 信息工程大学学
报，2021，22(5):551-557.

[43] 陈庆港，杜彦辉，韩奕，等．基于深度可分离卷积的物联网设备识别模型 [J]．信息网络安全，2021，21(9):67-73.

[44] 王莹，侯朋，吴迪，等．基于特征融合的舰船目标识别方法 [J]．舰船科学技术，2022，44(1):146-149.

[45] 李恒．基于深度学习过拟合现象的分析 [J]．中国科技信息，2020(14):90-91.

[46] 尹骅，李敬兆．基于改进 YOLOX 的 SAR 舰船目标检测算法 [J]．电脑编程技巧与维护，2022(5):35-37.

[47] 张高毅，张军，刘威．光网络哑资源深度学习智能管理系统 [J]．电讯技术，2022，62(10):1433-1437.